U0258561

THINKr

新思

新 一 代 人 的 思 想

SAPIENS
À LA PLAGE

L'origine de l'homme dans un transat

Jean-Baptiste de Panafieu

沙滩上的智人

带着人类演化史去度假

〔法〕让－巴普蒂斯特·德·帕纳菲厄 著

杨昊 译

中信出版集团｜北京

图书在版编目（CIP）数据

沙滩上的智人：带着人类演化史去度假 /（法）让-
巴普蒂斯特·德·帕纳菲厄著；杨昊译. -- 北京：中
信出版社，2021.1

ISBN 978-7-5217-2351-9

Ⅰ.①沙… Ⅱ.①让… ②杨… Ⅲ.①人类进化—历
史—普及读物 Ⅳ.①Q981.1-49

中国版本图书馆 CIP 数据核字 (2020) 第 202375 号

Sapiens à la plage. L'origine de l'homme dans un transat
By Jean-Baptiste DE PANAFIEU
Copyright © Dunod 2018, Malakoff
Illustrations by Rachid Maraï
Simplified Chinese language translation rights arranged through
Divas International, Paris 巴黎迪法国际版权代理 (www.divas-books.com)
Simplified Chinese translation copyright © 2021 by CITIC Press Corporation
ALL RIGHTS RESERVED

本书仅限中国大陆地区发行销售

沙滩上的智人——带着人类演化史去度假

著　者：[法]让-巴普蒂斯特·德·帕纳菲厄
译　者：杨昊
出版发行：中信出版集团股份有限公司
　　　　　（北京市朝阳区惠新东街甲4号富盛大厦2座　邮编　100029）
承　印　者：北京通州皇家印刷厂

开　本：787mm×1092mm　1/32　　印　张：6.5　　字　数：97千字
版　次：2021年1月第1版　　　　　印　次：2021年1月第1次印刷
京权图字：01-2020-6711
书　号：ISBN 978-7-5217-2351-9
定　价：48.00元

目录

序言

　　智人（*Homo sapiens*）是现今人类的祖先，大约在30万年前出现在非洲。在智人诞生前的数百万年里，非洲大陆上生活着一些双足行走的人科动物，它们的后代就是我们所说的智人了。在不断演化的过程中，一些人科动物彼此隔离，隔离的时间足够久之后，演化出了不同的物种。在历史上的许多时候，地球上同时生活着不止一种人类。

　　在过去的几十年里，由于古人类学家的辛勤努力，我们得以重建这一段人类历史，并绘制了人类的遗传树（古人类学家称之为系统发生树），其繁茂程度是前人所无法想象的。我们人类是如何从"人丁兴旺"的大家族中脱颖而出的？我们人类的演化是渐进式的还是跃迁式的？在演化过程中，我们是在什么时候，又是怎么成为今天意义上的人类的？这些问题里的一部分已经找到了答案，或至少找到了部分答案，但是这些答案又引发了新的问题。

从西班牙的"骨坑"到南非的斯泰克方丹洞穴，从格鲁吉亚的德玛尼西遗址到印度尼西亚的弗洛里斯岛，考古新发现层出不穷。得益于越发精细的考古挖掘技术，我们得以想象祖先生存的环境是什么模样。如今，我们也能够对岩石内部进行探测，进而揭示颅骨化石最微小的细节。而通过对化石进行化学分析，我们可以了解远古生物的饮食习惯。不过，真正意义上的革新，是对史前人类进行 DNA（脱氧核糖核酸）分析。即便这种方法问世尚不足十年，古生物遗传学也已经取得了惊人的研究成果，比如确认了一个无人设想过的物种的存在，抑或是提供了不同种的人类曾经相互杂交的证据。时至今日，我们身上仍留有这段历史的痕迹。

无论是在社会层面还是政治层面，人类起源都是个敏感话题。如今，许多人仍然坚信宗教神话，不愿意面对冷冰冰的化石骨骸证据，不愿意相信人类源自动物的事实，不愿意承认人性是缓慢习得的。古人类学的历史，也是我们人类社会的历史。某些国家的研究人员在培养民族自豪感的目标驱动下，试图寻找某种比其他人更古老或更灵巧的古人类，以回溯本民族起源而非人类起源。

　　诚然，我们今天讲述的故事，未来可能会发生改变。未来的新发现，或将充实这套叙事，或将把某些篇章整个推倒重写。古人类学有助于我们理解我们是谁，并把人类作为一个具有多样性的整体来思考。我们之所以痴迷于研究自身的演化史，是因为它不但揭示了我们的起源，还揭示了我们的本性。

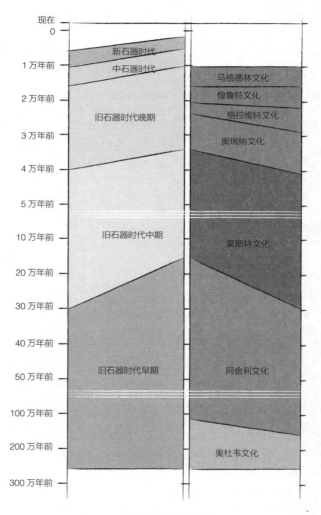

地质时期和文化年表

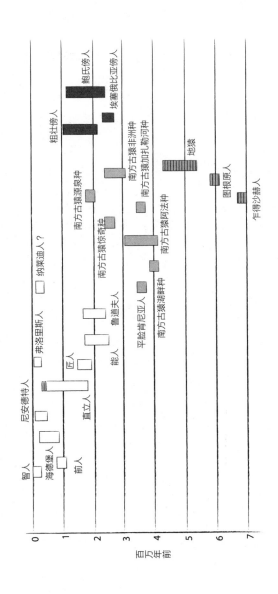

根据骨骼化石确定的不同人亚族的分布时期图

第一章

起源

黑猩猩和人类有许多相似之处，比如二者拥有一个最近共同祖先，由这个共同祖先分化而来。直至 21 世纪，我们才对自己的远祖——第一批原始人类——有了更加清晰的认识。

起立，猴子！

人类的祖先是一种哺乳动物，浑身毛发，长着尾巴和尖尖的耳朵，生活在旧世界，很可能过着树栖生活。

——达尔文，1871

原始人类中可是有不少名人的，比如露西（Lucy，距今 320 万年），但我们的历史未必就要从露西开始写起。我们也可以把厚厚的家谱翻到 30 万年前，最早的智人降生的时刻；或者再往前翻到距今 700 万到 1 000 万年，最早的人亚族诞生时。我们还可以继续向前追溯：距今 5 500 万年，最早的灵长目动物登场；距今 2.2 亿年，最早的哺乳动物出现；大约 5.5 亿年前，最早的脊椎动物产生。

从动物学角度说，我们属于人亚族（Hominina）。人亚族包括了与黑猩猩亲缘关系更远、与现代人类亲缘关系更近的所有灵长目动物，比如南方古猿。自最早的人亚族诞生之时起，我们的历史便与现今依然存活于世的其他动物分道扬镳，因此，将关注点聚焦于最早的人亚族是个不错的选择。

根据古生物学和分子生物学数据，人类和黑猩猩的最近共同祖先生活在距今 500 万至 1 000 万年的非洲。之所以年代估算出现这么大的差值，是因为两门学科的研究成果无法就此达成一致：化石遗存显示最近共同祖先生活在 700 万到 800 万年前（甚至可能更早），但分子生物学的研究结果表明其生活在距今 500 万年到 700 万年之间。或许，以下事实能够解释出现这种现象的原因：在与祖先物种分化后，两个支系有过杂交，由此导致两个支系的分化期变长。

关于这个最近共同祖先，除了它可能群居且茹素外，我们所知甚少。我们不知道它究竟是四足行进还是双足行走。如果它四足行进，那么人亚族就是自行发展出了双足行走的典型特征；如果它双足行走，那就意味着更古老的灵长目动物早就开始依赖双腿行动了，而后来的黑猩猩则退回了一种特殊的四足行进方式——移动时以双手第二指骨的背部作为支撑［即"指背行走"（knuckle-walking）］。

虽然我们依然不甚了解这个最近共同祖先，但化石的存在使我们得以管窥它的面貌。2000 年，古人类学家马丁·皮克福德（Martin Pickford）和布里吉特·森努特（Brigitte Senut）共同描述了属于一个新物种的骨化石，这个新物种名叫图根原人（*Orrorin tugenensis*），生活在 600 万年前的肯尼亚。根据股骨颈的内部结构，皮克福德和森努特猜测，图根原人经常双足行走。图根原人生活在森林里，擅长攀缘树枝。

一年后，研究员米歇尔·布鲁内特（Michel Brunet）宣布，在乍得发现了生活在 700 万年前的乍得沙赫人（*Sahelanthropus tchadensis*）的一块头盖骨，并将其命名为"图迈"。根据枕骨大孔（指颅骨底部的孔，大脑通过此孔与脊髓相连）的位置，"图迈"似乎也靠双足行走。人类的枕骨大孔位于颅骨下方、脊柱正上方。黑猩猩的

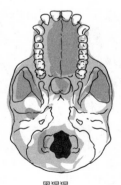

黑猩猩

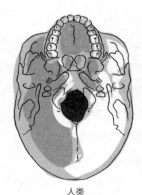
人类

黑猩猩与人类的枕骨大孔对比图

枕骨大孔则位于颅骨靠后的位置，与四足动物一样。

　　然而，由于化石非常不完整，很难确定"图迈"在人亚族演化史中的位置。因此，部分古人类学家更倾向于将"图迈"归入日后演化为黑猩猩甚至大猩猩的谱系。我们之所以无法给"图迈"的演化位置下定论，是因为处于猿类和人类分化期前后的人科物种都具有很大的相似性。如果对"图迈"颅骨发现地找到的股骨加以分析，或许能够更加精确地确定它在灵长目演化树上的位置。

　　另一个有趣的化石来自地猿（*Ardipithecus*），其年代更近，保存也更完整。美国古人类学家蒂姆·D. 怀特（Tim D. White）对埃塞俄比亚多个发掘点出土的数以千计的整骨和碎骨进行了长达 15 年的精心研究，随后于 2009 年对这些可追溯到 440 万年前的地猿化石进行了解读。根据地猿化石周围的动物化石推断，地猿生活在森林里，身高约 1.2 米，既能行走又能攀缘。地猿长有对生的大脚趾，但不如黑猩猩的灵活。虽然双腿移动起来比大猩猩还要容易一些，但是地猿的双臂和指骨长而弯曲的手指非常适于树栖生活。地猿的犬齿强健有力，具有明显的祖先特征（直接遗传自祖先），脑容量接近黑猩猩。一些人认为地猿是南方古猿（和人类）的直系先祖，另一些人则将地猿视为远房表亲，与黑猩猩的亲缘关系更近。

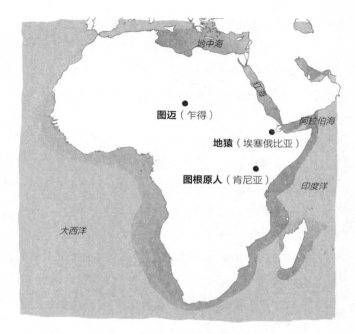

最初的人亚族分布图

人猿总科、人科、人亚族

在灵长目动物中，失去了祖先的长尾而拥有了尾椎的猴子都被归入人猿总科（Hominoidea）。该科包括了原康修尔猿（*Proconsul*，2 300 万年前生活在非洲）的全部后代和十来个现存物种：长臂猿、猩猩、大猩猩、黑猩猩、倭黑猩猩和人类。

原康修尔猿是第一批失去尾巴的猴子之一，也是人猿总科的祖先

除了尾椎之外，人猿总科的独特之处还在于手骨及肩胛骨的结构。人猿总科对应的是猴总科，即"旧世界猴"，后者依然长有长尾（尾巴并没有在进化过程中丧失）。至于美洲的"新世界猴"则属于阔鼻小目（Platyrrhini），是与前述两者亲缘关系更远的灵长目类群。

最近几十年，根据在亲缘关系、灭绝物种化石和 DNA 方面层见叠出的研究成果，人猿总科内部的分类经常出现变动。如今，人科（Hominidae）包括了猩猩、大猩猩、黑猩猩、倭黑猩猩、人类和许多化石物种。

至于人亚族，指的是人科内部与人类亲缘关系较近、与黑猩猩亲缘关系较远的全部物种。古人类学家一共描述过二十来种，包括乍得沙赫人、南方古猿、傍人，以及人属（Homo）的多个物种，比如能人（*Homo habilis*）、直立人（*Homo erectus*）、尼安德特人（*Homo neanderthalensis*）或智人。人们认为，这些物种都是双足行走的。

"大有可为"的基因突变

借助化石，我们能够了解最早的人亚族的大致面貌。现如今，我们拥有了一个与此迥异的补充性信息来源，那就是 DNA。近些年来，基因测序已经成了生物学和古生物学的惯用研究手段（参见第 10 页《DNA、基因、突变》）。

人类和黑猩猩分化后，基因突变导致二者的 DNA 有所不同。已经发现的突变现象有：点突变（比如碱基 A 替换为碱基 C），DNA 片段缺失和重复，以及内部重组（人类和黑猩猩的染色体数量不同）。

一些基因突变并没有产生明显的后果，另一些可就是导致人类区别于黑猩猩的"元凶"了。通过对比人类和黑猩猩的基因组，人们希望能够确定导致二者演化分离的遗传事件。

　　在人类和黑猩猩的分化过程中，共同祖先某些DNA 片段的遗失或失活似乎发挥了重要作用。人们发现，在一种参与合成肌球蛋白（肌肉收缩所必需的一种蛋白质）的基因上，人类和黑猩猩有所不同。基因MYH16 负责合成一种咀嚼肌特有的肌球蛋白。然而，人类体内的 MYH16 基因却失活了。或许，正是这个突变导致了人类支系的下颌变小。

　　一些突变可能导致行为上的变化。比如，人类失去了形成触须（粗壮的感觉毛，包括黑猩猩在内的许多哺乳动物都有）和阴茎刺（覆盖在黑猩猩阴茎表面的小型角蛋白突起）的基因。失去阴茎刺会使阴茎敏感度降低，交配时间延长（黑猩猩可是出了名的快枪手）。另外，我们还知道，失去阴茎刺的灵长目往往都是单配偶型物种。

　　这一变化也关系到人类和猿类的其他区别，比如：人类在排卵期开始前不再有身体上的变化，以及出现乳房和光滑脸庞等第二性征。使得交配时间延长的基因突变或许改变了人亚族的生活方式，强化了雄性与雌性之间的纽带，而这一纽带正是实现社会凝聚、更好地保护后代的关键因素。

DNA、基因、突变

　　我们体内的每个细胞都含有 46 条染色体。所谓的染色体，就是扭曲折叠的 DNA 细丝。人类的基因组（也就是全部的 DNA）由 32 亿个排成链状的核苷酸组成，核苷酸分为 A、T、C、G 四种。所谓的 DNA 测序，就是确定一个个核苷酸的排列顺序（比如 AGATCC）。在不同物种之间或同一物种的不同个体之间，都可以进行核苷酸序列对比。

　　基因是细胞为了生产自身活动所需分子而转录的 DNA 片段。人类拥有 2 万个基因，其中包含了人体发育和细胞正常工作所需的全部信息。DNA 的其他部分在调节这套转录系统时起着至关重要的作用，可以控制基因的"表达"（也就是基因的活动）。实际上，在不同的发育阶段或不同类型的细胞里，基因活性也有高有低。

　　突变指偶然发生的 DNA 序列改变。基因发生突变时，其活性往往也会改变。每个基因都可能因为先前发生的突变而存在多种变体，即所谓的等位基因。

　　如果某个基因突变导致生殖细胞（卵子或精子）发生变化，而该生殖细胞又成功受胎，那这个突变将出现在由此细胞孕育而成的新个体的所有体细胞里（不过仅存在于新个体自身一半的生殖细胞内）。这样一来，突变就能一代代传递下去。每个生物个体都带有从亲代遗传而来的 100 到 200 个新的突变，不过大部分突变都没有产生什么显性影响。

开始双足行走

从四足行进过渡到双足行走是人亚族历史上的重大事件，因为两足的移动方式使其有别于绝大部分近亲［不过还有一些与人亚族无关联的灵长目动物也发展出了两足行走的能力，比如生存于 800 万年前的山猿（*Oreopithecus*）］。人类家族中出现的这一现象该怎么解释呢？

首先，这一移动方式的改变意味着身体骨架的全面重组，并且影响到了胚胎的发育。足部形成足弓，以支撑身体的全部重量。大脚趾与其他脚趾并列，再也不能与其他脚趾构成钳形。脚踝关节和膝盖关节得以强化，同时髋关节位置发生变化，使得双腿更加靠近身体重心线。为了使上半身保持竖直状态，需要强壮的肌肉；强壮的肌肉又塑造了我们的臀部，而臀部可说是典型的人类演化创新。骨盆呈盆状展开，上托腹腔脏器，下承大腿肌肉。除此以外，骨盆还须满足分娩的需要。双重限制之下，人类的妊娠期变短，使胎儿出生时颅骨发育不全，以便顺利通过骨盆入口。腰椎位于脊柱的底端，在强度提升的同时也变得更宽更短。枕骨大孔移动至颅骨正下方，大大减轻了支撑头部的颈部肌肉的负荷（参见第 4 页插图）。

在布里吉特·森努特和苏珊娜·K. S. 索普（Susannah K. S. Thorpe）等众多古人类学家看来，树栖（指一生中的大部分时间都栖息在树上）的人科动物或许最先发展出了双足行走的特征。我们的直系祖先恰恰生活在森林里，它们应该不是四足行进的，且极有可能习惯于攀缘！我们已经发现，作为现存树栖特征最为明显的猿类，猩猩在踏上柔软树枝时会尽量增加腿部的伸展幅度，与人类在有弹性的地面上奔跑时的肢体反应别无二致，而其他猴子的做法却恰恰相反。由此推断，地面上的双足行走应该是由树上的双足行走发展出来的。古生物学家称此现象为在树上进行的"直立姿势预适应"。

另有一些研究人员认为，是四足攀爬的猴类最先发展出了双足行走能力。远古人亚族［比如拉密达地猿（*Ardipithecus ramidus*）］的骨骼研究结果似乎证明了这一论断，因为远古人亚族的腕骨与现存四足灵长目动物的腕骨相似。还有一些研究人员则认为，双足行走最先出现在半水栖人科动物身上，然而迄今为止，尚未发现任何支持这种假说的化石！

但是，不管怎么样，我们都不应这样设想：人类从四足姿势"站起来"，历经数百万年，本着主观意愿，终于获得了我们今日了不起的直立行走姿势。首先，我们探讨的是解剖学意义上的进化，自从生命起源以来，在所有动物物种身上已经产生了不胜枚举的类似例证。达成某种目标（无论结果多么有益）并不需要诉诸意愿，哪怕只是无意识的。解剖学层面的演化创新或许在日后具有很大的益处，然而，以此益处为基础建立起来的解释体系却是不可接受的，因为进化只是进化，并不能预见物种将来需要什么！如果一定要给出一个达尔文式的解释，那就需要探究向着双足行走演进过程中的每个阶段分别带来了什么好处。有朝一日能够跑马拉松这样的好处可就不要提了，以双足姿势行走能比祖先移动时间更长这种朴实的小优势可能更合理。

人科动物演进图

似是而非的图画

这幅著名的图画诞生于 1965 年。画面上，四足行进的猴子在前进过程中渐渐站立起来，并朝着越来越像人类的方向演化：先是原始猴子，然后是南方古猿，接着是原始人类，再往后是尼安德特人，接下来是克罗马农人（Cro-Magnons），最后是大步迈向未来的现代人。

这幅从猴到人的行进图来自时代生活图书公司（Time-Life Books）出版的图书《早期人类》（*The Early Man*）。毋庸置疑，这幅插图在普及演化思想方面确实发挥了作用。可不幸的是，它在多个层面上都传达了错误的信息。首先，这幅插图给人的感觉是，这些灵长动物无一例外地朝着智人的方向前进，仿佛成为人类是它们不可避免的终极演化结果。其次，插图里的几个物种，并非一个就是另一个的后代：人类的演化不是直进式的，而是分支式的，在演化的过程中，许多物种都消失在了历史长河里，并没有留下任何后代。

双足行走有何好处？

成为人类，是从脚开始的。

——安德烈·勒鲁瓦－古朗
（André Leroi-Gourhan），1982

双足行走大有好处。首先，在探索周围环境时，双足行走成本更小。实际上，从能量消耗的角度上看，双足行走比四足行进更加经济。在速度相同的条件下，人消耗的能量仅为黑猩猩的四分之一。其实，黑猩猩也能双足行走；不过由于关节构造更适于四足行进，黑猩猩在两种移动方式下的能量消耗是相等的。

在 1 000 万年前，全球气温略有下降，尤为重要的是，天气变得更加干燥。气候变化导致非洲广大的茂密森林消失不见，取而代之的是稀树草原和稀疏森林。一些人科动物选择继续在森林里度日，另一些则着手开发新的资源。在不同以往的环境条件下，后者充分利用了自身双足行走的能力，并在自然演化的作用下强化和巩固了这种移动方式。

在比森林更加开阔的环境里，站起来的好处或许就是看得远。然而，虽然是四足行进，狒狒却在稀树草原生活得如鱼得水。所以，站起来看得远并不是个非常充分的解释。另有一些假说将关注的焦点集中在大范围分散的食物来源上。事实上，在这种情况下，能够自由移动并将采集到的食物带给族群中的其他成员，着实是很有好处的。我们发现，与双足行走相伴而来的，是食谱的变化——块根和块茎在食物中占的比例更大了——这一显著变化导致了牙釉质加厚。与此相反，喜食水果或嫩叶的动物，比如大猩猩，牙釉质就偏薄。

另一个问题则涉及双足行走与制造工具之间的关系。双足行走是否通过解放双手促进了第一批石质工具的诞生呢？这个问题也可以反过来问：制造工具的需求是否促进了向双足行走的过渡呢？一些日本古人类学家倾向于后一种假说。他们认为，首先是双手变得灵巧，而且这一过程与双足行走是没有关联的。

另外，还有一种可能性。人类手指和脚趾中最为粗壮的当属大拇指和大脚趾，而它们的"发展壮大"可能是同一个演化机制作用的结果。采用双足行走姿态后，自然选择强烈作用于脚趾之上，这种强化转而又作用于拇指，进而使得双手更加灵巧。

一些古人类学家，如美国的欧文·拉夫乔伊（Owen Lovejoy），将双足行走的出现与向单配偶制的转变关联起来。最初的人亚族开始双足行走后，脑容量增大导致营养需求增加，雌性可能不得不分散到广阔的地域里寻找高能量的食物。雌性的分散可就苦了雄性，"妻妾成群"的雄性绞尽脑汁，只为了避免自己的配偶靠近其他雄性……单配偶制在我们的演化谱系中早早出现的假说，满足了保守的美国卫道士（如果他们凑巧还是演化论的支持者）的期望，但与实际情况却是背道而驰的。首先，脑容量增大是在几百万年后才发生的。其次，还需要考虑生物的性别二态性（sexual dimorphism）。所谓的性别二态性，指的是同一物种的雌性和雄性在身材和外形上的差异。在这一方面，我们对人亚族始祖一无所知。不过，继之而来的南方古猿具有非常明显的性别二态性，这与实行单配偶制的社会形式似乎并不匹配。

事实上，在灵长目动物中，两性之间体形差异过大的会形成"后宫型"社会组织形式，在这种社会里，一个雄性严格掌控一群雌性。正因如此，雄性大猩猩比雌性大猩猩要大得多，也重得多，这是激烈的性竞争导致的结果。雄性因为身体强壮、犬齿硕大而占据统治地位。于是，自然选择的天平向最为健壮的雄性倾斜，它们也得以将自身特征传给下一代。在大猩猩和狒狒中，雄性通过炫耀犬齿的方式来吓唬或制服竞争对手。相比之下，雌性的犬齿就非常小。而在黑猩猩族群中，社会结构更加灵活，虽然雄性也居于主导地位，但并不像大猩猩那么专横霸道，性别二态性也不如大猩猩那么明显。至于奉行单配偶制的长臂猿，它们的雌性和雄性具有相同的大小，犬齿也都很小。

在人亚族中，双足行走的发展与犬齿的减小是分不开的。南方古猿依然表现出比较明显的性别二态性，而在最初的人属物种中性别二态性已经有所降低，这就说明，在最初的人属物种中，雄性之间的争斗相对没有那么激烈，而单配偶制或许也更为普遍。

另一种假说则着眼于性选择。这里的性选择，不以雄性的好勇斗狠为基础，而以雌性做出的选择为基础——这在动物界可谓是屡见不鲜。雌性或许对自然而然保持直立姿势的雄性青眼有加，进而使得整个族群越来越趋于双足行走（因为这些雄性更多地将基因传了下去），随后，双足行走又因为在寻找食物上具有无可比拟的优势而得到进一步巩固与强化。

在人亚族向着双足行走演化的过程中，多种相得益彰的因素很有可能共同发挥了作用，比如：生活环境的改变，解放双手的优势，社会纽带的巩固，以及妙不可言的性！

人类演化：达尔文 vs 拉马克

在最近出版的一部著作里，我们还能读到这样的说法：尼安德特人的颌骨强健有力且向前凸出，是因为它们"重度使用"牙齿。现在，没有任何已知机制能够解释，为什么器官会因为被使用或不被使用而演化。某个个体的器官可以发生改变，但是这种改变并不能传给后代，这与 19 世纪初期拉马克所持的观点（如"用进废退"）恰恰相反。同样，外部环境的约束并不会直接塑造器官。

然而，想通这一点却实属不易。人们更乐于相信：之所以发展出双足行走的能力，是**为了**解放双手，并让祖先能够运用同期出现的大容量的大脑制造工具；或者反过来，大脑的演化**注定**是为了让我们能够制造工具，更何况我们的双手已经因双足行走得到了解放，而后者只是一种从属的演化适应而已。

在很长的时间里，拉马克的观点一直是法国动物学界和史前研究中的主流：我们祖先的演化，是朝着明确的方向进行的，也是有着明确的目标的，这个目标便是"人化"。后来，虽然这种定向演化（大概是在神的意志下发生的）的观点并未完全消弭于无形，但是进化理论和达尔文思想已经渐渐传播开来。如今，绝大多数古人类学家会通过自然选择或性选择理论来理解人亚族在数百万年里所经历的种种变化。

根据进化理论，生物的 DNA 偶然发生突变，而突变可在生物的种群中引发解剖学上的、生理上的或行为上的改变。当改变对生物个体有利时，生物个体便有更多生存和繁殖的机会，这种改变也就更有可能传给后代，并随着一代一代的繁殖而传遍整个种群。这个机制被称为自然选择；自然选择在整个生物界里屡见不鲜，而且形式多种多样。那种认为我们的祖先摆脱了演化规律约束的想法，是完全站不住脚的。

南方古猿

在 500 万年前至 100 万年前，南方古猿和它们的亲戚傍人在非洲稀树草原上繁衍生息。在很长一段时间里，对于这些双足行走的猿人，人们的了解只限于著名的露西女士。不过，自 21 世纪初期开始，骨骸化石的发现激增，让我们对这些人亚族物种有了更好的了解。

汤恩幼儿

　　第一个登上人类系统发生树的南方古猿，是绰号"汤恩幼儿"（Taung Child）的幼猿。"汤恩幼儿"的化石发现于南非汤恩的采石场，澳大利亚人类学家雷蒙德·达特（Raymond Dart）于1925年对其进行了描述。雷蒙德·达特确认"汤恩幼儿"是具有惊人特征的幼猿，认为它是猿和人之间的过渡物种，并将其命名为南方古猿非洲种（*Australopithecus africanus*）。

　　"汤恩幼儿"的颅骨化石带有天然形成

雷蒙德·达特展示"汤恩幼儿"的颅骨

的脑模。雷蒙德·达特还指出,"汤恩幼儿"是双足行走的。现在,人们认为,"汤恩幼儿"是在 230 万年前被一只猛禽杀死的,殁年仅 4 岁。在当时的学界,雷蒙德·达特受到了激烈的抨击,人们期待中的"缺失环节"(见第 24 页)应该是一种有着猿的身体和类似人的大脑的生物,可大脑似猿而牙齿似人的"汤恩幼儿"与人们的预期相去甚远。而且,人们一直在亚洲而不是非洲寻找这个所谓的"缺失环节"。

随着新的化石接连出土,比如 1947 年在南非斯泰克方丹出土的普莱斯夫人(Mrs. Ples)颅骨化石,达特的观点逐渐被研究人员所接受。刚出土的时候,普莱斯夫人被命名为德兰士瓦迩人,后来才被确认与"汤恩幼儿"属于同一物种。普莱斯夫人为双足行走的猿人,身高约 1.1 米,臂长腿短,脑容量约为 450 毫升至 500 毫升,略大于黑猩猩脑。

普莱斯夫人,为南方古猿非洲种,
出土于南非斯泰克方丹

1997 年,古人类学家罗纳德·J. 克拉克(Ronald J. Clark)在斯泰克方丹发现了一具近乎完整的南方古猿非洲种(或邻近物种)的骨架,并将其命名为"小脚"，其生活年代距今 370 万年。罗纳德·J. 克拉克认为，"小脚"是雌性古猿，身高约 1.3 米，去世时约 30 岁。由于骨骸被封存在极其坚硬的矸石之中，人们在 20 年之后才将它取出，直至 2017 年才对它进行了描述。

寻找缺失环节

"缺失环节"的概念诞生于 19 世纪，指的是能够解释从一种形态向另一种形态（比如从"猿"到人）过渡的缺失物种化石。正如其名称（猿人）所示，欧仁·杜布瓦（Eugène Dubois）发现的直立猿人（*Pithecanthropus erectus*，后来归入直立人；参见第 77 页第四章）本来有望成为"缺失环节"，但它与史前史学家彼时的想象实在是天差地别。

时至今日，"缺失环节"的概念已遭彻底弃用。一方面，演化不再被视为由一个一个的物种组成的演化链条，而是被视为枝杈繁多的演化树。另一方面，如果仅仅考察一个世系（即演化树的一个分支），那么它必然总有一些缺失环节，也就是说，总是会缺少某些从一个物种到另一个物种的转变阶段。实际上，由于化石化是极为罕见的现象，肯定不会所有的演化中间形态都能保留下来，特别是当演化速度非常快的时候（在地质年代的尺度上）。

自达尔文提出演化论以来，反对者便试图利用"过渡物

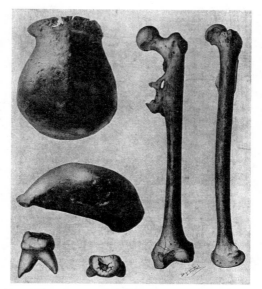

欧仁·杜布瓦于 1891 年发现的直立猿人（或爪哇人）遗骨

种"的明显缺失来反对达尔文的观点。然而，古生物学家已经发现了为数众多的"过渡物种"，比如始祖鸟，这种具有爬行动物特征的鸟类说明了小型恐龙是怎样演化为鸟类的。达尔文尚在人世时，人们便已经对始祖鸟进行了描述，随后也发现了大量的中间物种。但是，在反对达尔文的人眼中，过渡物种总是欠缺的。对缺失环节的找寻，也只能以失败告终。

　　现在，人们在欧仁·杜布瓦发现的直立猿人附近又发现了大量化石。在这些化石上，原始特征和衍生特征、祖先特征和演化创新相互镶嵌，导致其演化位置很难被确认，加之化石数量众多，形成了不止一条演化链，所以现在的问题已经不是有环节缺失，反而是环节太多了！

露西

同一时期，另一副骨骸化石的发现使南方古猿的存在成为全世界普遍接受的观点。这副骨骸于1974年11月24日在莫里斯·塔伊布（Maurice Taieb）、伊夫·柯本斯（Yves Coppens）、唐纳德·约翰松（Donald Johanson）组织的埃塞俄比亚科考活动中被发现，并被编号为AL 288，后来根据披头士乐队的歌曲《缀满钻石天空下的露西》得名露西。

这件南方古猿化石标本包含大约40%的骨架，是当时发现的最为完整的远古人科生物化石。露西属于南方古猿阿法种（*Australopithecus afarensis*），现在已经发现了属于这个物种的300余件化石（几乎都是碎片）。

在410万年至290万年前，这些南方古猿生活在东非的稀树草原上。相应地，与人类相比，露西的双臂较

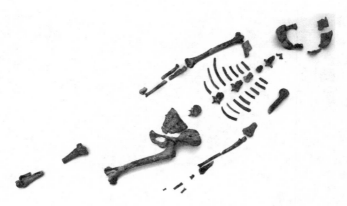

露西的骨骸，已有 330 万年的历史

长、双腿较短。露西既能双足行走又过着树栖生活，肩膀和手臂的构造非常适于攀缘；骨盆较大、股骨向内，使得行走时更加稳定。大脚趾偏离其他脚趾，靠脚掌外侧支撑全部体重；脚跟高高隆起，像黑猩猩一样。膝盖不能完全展开，导致它行走时比人类消耗更多的能量。

露西主要食用水果和树叶，或许也吃小型动物，尤其是白蚁和容易捕捉的昆虫，它们富含营养物质，往往也数量众多。此外，在 2010 年，人们发现了一些食草动物骨骸，同时出土的还有南方古猿化石，在这些食草动物的骨骸上发现的切割痕迹，令人不禁猜想露西所属的南方古猿可能也有食腐行为，也就是说吃死亡动物尸体上的肉。这也意味着，露西曾经使用石质工具切割肌腱（参见第 55 页《最初的工具》）。

　　露西通常被视为年轻的雌性古猿，身高约 1.05 米。这一物种的雄性平均身高为 1.35 米、雌性为 1.1 米，体重为 25 千克至 45 千克。它们颅骨较小（脑容量约 400 毫升），额头后缩，面部前凸。犬齿很小，具有现代特征；臼齿较大，更具原始特点。牙上覆着厚厚的牙釉质，以免牙齿快速磨损。牙齿在颌骨上呈圆弧状排列，曲度介于猿类的平行牙弓和人类的抛物线牙弓之间。

　　南方古猿阿法种的性别二态性相当明显。因此可以猜想，雄性之间的竞争极为激烈。幼崽的发育很可能比较缓慢，就像现存的猿类一样，而且亲代（雌性古猿？）照顾子代的时间很长。牙齿的化验结果表明，雌性在发育期后会改变食谱，而雄性却不会。为了解释这个现

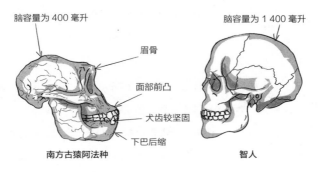

南方古猿阿法种和智人的颅骨对比

象，人们提出了如下的假说：雌性在成年后会离开原生族群并加入另一个族群，和现存的黑猩猩一样。

关于南方古猿阿法种的演化位置，人们曾展开激烈争论。虽然知名度高，但露西未必就是我们的祖先！30年前，众多美国研究人员将露西定为我们的先祖，可伊夫·柯本斯认为它只是我们的"姑婆"，代表一个已经灭绝的旁系。另一些研究人员则认为露西与傍人有亲缘关系（参见第43页）。如今，随着已被描述的南方古猿物种的增多，露西的演化位置很难有定论，更何况研究人员尚未就某些化石是否属于该物种达成共识。

年代测定

化石的年代与化石物种间是否存在亲缘关系无关：年代更古老的人亚族未必就是年代更近者的祖先！但精确测定化石年代对更好地理解物种演化至关重要。早先的年代测定只能给出相对年代：由于沉积物一层层沉积，从理论上说，在沉积物上层发现的化石比在其下层发现的化石年代更近。

今天，借助多种技术，我们已经可以确定化石的"绝对"年代，在时间的长河里将其精确定位。不少技术以石头或物质的天然辐射性为基础，碳-14年代测定法就是其中的典型代表。

碳元素以多种同位素的形式存在，其中包括普通的碳-12

和稀有的放射性碳-14。植物利用空气中的二氧化碳进行光合作用时，会同时将这两种不同形式的碳元素吸收进体内。当植物被食草动物吃掉或食草动物被食肉动物吃掉的时候，食草动物或食肉动物也会将这些碳元素吸收进自己体内。在它们死亡以后，碳-14会慢慢衰变成为氮-14。碳-14的半衰期为5 734年，换句话说，碳-14需要花上5 734年才能失去一半的放射性。这么一来，通过测定骨头或木炭中两种碳同位素的比例，我们就能确定骨头或木炭的年代。不过，如果测定对象的年代在4万年以上，这个方法的测定结果就会非常不精确，因为碳-14的残余量还不到初始量的1%。

　　为了测定更加古老的骨头或岩石的年代，我们可以使用其他同类型的"原子钟"。比如：铀-钍定年法适用于测定50万年前的骨骼或石笋的年代，钾-氩定年法可用于确定几百万年前的火山岩的年代。

　　除此以外，还有基于其他物理原理的测定方法，比如：基于熔岩固结时磁性矿物记录的地磁场变化的古地磁法（paleomagnetism）；通过测量曾经经受高温的矿物在再次受热时发出的光以确定矿物年代的热释光法（thermoluminescence），这种方法适用于燧石和陶器；还有与热释光法原理相似但用于测定牙釉质、富碳化石（石笋、珊瑚等）或沉积石英颗粒年代的电子自旋共振法（Electron Spin Resonance，ESR）。

"开枝散叶"的南方古猿

如果一小部分弱小的原始人种群没有在非洲稀树草原残酷命运（或物种灭绝）的屡次打击中幸存下来，那智人就不会出现并迁徙到世界的各个角落。

——斯蒂芬·J. 古尔德（Stephen J. Gould），1996

自"汤恩幼儿"出土以来，研究人员已经描述了为数众多的物种（参见第 v 页图），其中绝大多数发现于非洲大陆的南部和东部，年代在 450 万年前至 200 万年前。在这段漫长的历史时期里，有些物种不断演化并获得了全新的特征（即"直进演化"），或分成两个种群并逐渐分化直至形成两个新的物种（即"分支演化"），南方古猿家族的兴盛部分来源于此。

其间，这些物种中的某几种在同一时期生活在同一地区。它们之间可能并不会为了食物或其他有用资源展

直进演化示意图

物种 A 不断演化并转变为物种 B

分支演化示意图

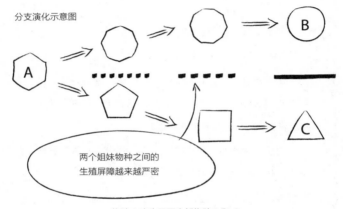

两个姐妹物种之间的
生殖屏障越来越严密

物种 A 产生了两个新物种 B 和 C

直进演化和分支演化 —— 互补的两种演化方式

开直接竞争。否则，竞争通常会导致两个物种中的一个
消亡或转化。有些人已经描述了居于不同生态位的物种
在齿系上的细微差别，这些细微差别正是这个物种假说
的有力支撑。

人们认为，最古老的人亚族物种主要吃素，与现存
主食水果和嫩叶的猿类似。但是，这并不妨碍黑猩猩吃

白蚁并主动猎杀小型猿猴。南方古猿是否在树林中捕猎，现在已经不得而知，但是它们大概还是会吃昆虫和容易捕捉的小动物。

属与种

博物学家为每个现存物种或化石物种都取了由两部分组成的学名。这么一来，所有的南方古猿都拥有了相同的属名 *Australopithecus*（即南方古猿属），这个属名说明了它们之间的相似性和亲缘关系。在南方古猿属下，存在多个"种"，比如南方古猿阿法种和南方古猿非洲种。

对于现存动物，"种"是互为亲代子代的或能够彼此交配繁衍后代的生物个体的集合。对于化石物种或古生物种，这些标准就不适用了：首先，我们无法考察它们的繁衍能力；其次，即便它们之间曾存在亲缘关系，在漫长的时间里它们也能变得足够不同，使人们将它们视为不同的物种。

通常情况下，如果新发现的骨骸与已知骨骸不同，便可确定为新物种（但也有例外，比如丹尼索瓦人就是通过 DNA 检测确定的，参见第 106 页《丹尼索瓦人》）。但是，仅仅凭借几块残骨便给某个人亚族生物取个种名往往很难做到，因为原始人种非常相似，往往只有几处骨头是某个物种特有的。在确定物种时，还需要考虑性别差异和发育过程中的变异。

因此，原本分别定名为腊玛古猿（*Ramapithecus*）和西瓦古猿（*Sivapithecus*）的两个生物，后来被确定为同一物种的雄性个体和雌性个体。

另外，我们对物种的实际变异性所知甚少。如果拥有大量化石，还可以通过统计对比将某个化石归入某个类群。可是，当化石数量稀少且多为碎片的时候，判断的武断性就不可避免地增加了。

最后，还有一个不在科学范畴之内的现象：发现人亚族遗骨需要耗费大量心血和精力，这就导致研究人员往往会夸大新化石的特征并给化石取个新名字。这种操作有助于研究人员获得资金支持，尤其是当研究人员声称发现的是人类祖先的化石的时候，不过，这也导致本已相当复杂的系统发生树更加"枝繁叶茂"。所以，在科学出版物里，常常会有物种随着研究人员的偏好和科学知识的进步出现而后又消失的现象。实际上，学界历来将研究人员分为"分裂派"和"归并派"，前者倾向于利用似乎与其他物种有所区别的细枝末节创造新物种，后者倾向于考虑物种的自然变异性，将不同物种归并汇总，但是归并范围往往极为宽泛（参见第 72 页《"开枝散叶"的原始人》）。

除上文所述的南方古猿阿法种和南方古猿非洲种外，再略举几例南方古猿属的其他有趣物种。

南方古猿湖畔种（*Australopithecus anamensis*）

南方古猿湖畔种是根据在东非发现的化石描述的，经测定，其化石年代为 420 万年前至 380 万年前。南方古猿湖畔种身高约 1.4 米，生活在相当湿润的林地里，在双足行走方面比露西更强。下颌又长又窄，颇具原始特点；牙齿细小，更有现代特征。一些古人类学家认

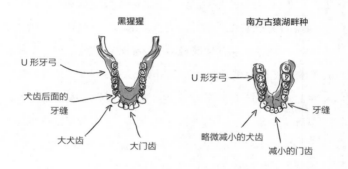

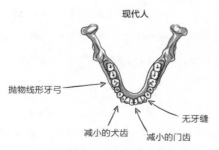

黑猩猩、南方古猿湖畔种和现代人的下颌对比

为，南方古猿湖畔种可能是人属的祖先。正因如此，有人提议将其改名为非洲前人（*Praeanthropus africanus*）。

南方古猿加扎勒河种（*Australopithecus bahrelghazali*）

1995 年，米歇尔·布鲁内特率队在乍得发现了一块下颌骨化石，后将其命名为南方古猿加扎勒河种，昵称为"阿贝尔"（Abel）。这是唯一一种在非洲东部和南部以外地区发现的南方古猿，生活在 360 万年前。在这一时期，撒哈拉还是广袤的森林和稀树草原。南方古猿加扎勒河种可能并不是一个不同以往的物种，不过，这块下颌骨化石证明，南方古猿的领地范围比已知化石的分布区域更广。

南方古猿惊奇种（*Australopithecus garhi*）

生活在距今 250 万年的埃塞俄比亚的南方古猿惊奇种，于 1997 年由埃塞俄比亚古人类学家伯海恩·阿斯法（Berhane Asfaw）率领的研究团队发现，它们拥有较小的脑容量和巨大的牙齿。化石的共同发现者蒂姆·怀特猜想，南方古猿惊奇种有可能是我们的祖先。但是，它们与最初的人类生活在同一时期的事实，并不足以提高这种假设的说服力。

南方古猿近亲种（*Australopithecus deyiremeda*）

　　南方古猿近亲种于 2011 年发现于埃塞俄比亚，生活年代为 340 万年前，无论在地理区域上还是生活年代上，都可以视为露西的邻居。南方古猿近亲种的颌骨粗壮，牙齿形状也和露西不同，这说明其食谱略有不同。

南方古猿源泉种（*Australopithecus sediba*）

　　在南非马拉帕（Malapa）发现了两个保存状况相当完好的骨骼化石之后，李·伯杰（Lee Berger）于 2010年描述了这个年代很晚近的物种（生活于 200 万年前至 180 万年前）。源泉种的大脑较小，但与其他南方古猿相比更加不对称，因此与人属更加接近。其骨盆比较宽，通常认为这与颅骨变大有关。胸腔呈锥形，上窄下宽，手臂可以做大幅度的动作，非常适于攀缘。脚跟具有原始特征，与猿人的脚跟相似，但脚踝比其他南方古猿更具现代特征。同样，源泉种的双手拇指较长、指节末端增宽；通常认为这是源泉种手巧的一个证明，也是它与人类更接近的一个特征。最后，源泉种的牙齿比阿法种小。

　　这种原始特征和全新特征（所谓的"衍生特征"）叠加的现象被称为"镶嵌演化"。演化并不会同步地触及所有器官，这就导致很难确定物种在人亚族系谱图上

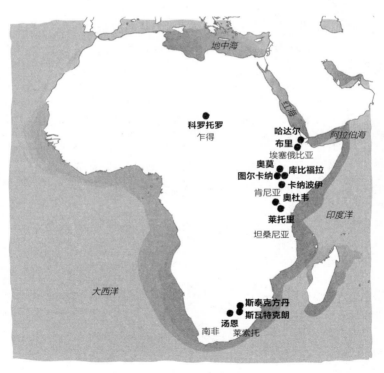

南方古猿和傍人分布图

的精确位置。除此之外，还有一个难题：发现的两副骸骨中，一副属于年幼的雄性，其解剖学特征尚未最终定型，因为在个体的发育过程中许多骨头会发生变形。骸骨的发育模拟结果显示，其成年后的体形与南方古猿非洲种接近。正因如此，有一些人将源泉种视为非洲种的"接班人"，而非洲种在之后就灭种了，并没有留下直系后代。另一些人则与化石发现者一样将源泉种视为直立人可能的祖先，所以将它的种加词定为"sediba"，这在当地语言里正是"源泉"的意思。

然而，源泉种本身也是年代相当近的物种了。在源泉种尚存活于世的时候，人属已经在非洲大地上生活几十万年了。只是，迄今发现的最为古老的化石也只是些碎片，化石的身份也非常有争议（参见第51页《最初的人属》）。此外，源泉种可能诞生得更早，但是至今尚未发现相关遗迹。

平脸肯尼亚人（*Kenyanthropus platyops*）

1999 年，古人类学家米芙·利基（Meave Leakey）在肯尼亚的洛迈奎（Lomekwi）发掘点发现了一个颅骨，经测定其年代为 340 万年前。这个颅骨的面部扁平，与下颌前凸的南方古猿反差非常明显，特征上更接近古老的人属成员鲁道夫人。米芙·利基对其进行了描述，并因为它与其他物种差异甚大而为其取了新的属名"平脸肯尼亚人"。但是，由于在沉积压力作用过程中发生了形变，围绕这一颅骨化石的争议很大。

1976 年，另一类型化石的发现点燃了研究人员的热情。在这一年，玛丽·利基（Mary Leakey）在坦桑尼亚莱托里（Laetoli）地区发现了南方古猿的脚印。370万年前，三只南方古猿列队前进，在火山灰中留下了脚印，火山灰硬化后便将脚印保存了下来。这些脚印为南

南方古猿的脚印，莱托里（坦桑尼亚），距今 370 万年

方古猿双足行走提供了补充证据。

上述这些南方古猿物种中，一种将不断演化，最终产生最初的人类，另一种——也有可能是同一种——则演化成了傍人。还有一些继续维持原先的生活，直至彻底消亡在历史的长河里，没有留下任何子孙后代。

傍人

20世纪下半叶发现的部分南方古猿因颅骨硕大而被描述为"粗壮"型,其他的则相应地被描述为"纤细"型。随后,这些"粗壮"型南方古猿被归入广为接受的傍人属(*Paranthropus*)。

头大、颌沉是傍人的典型特征。傍人臼齿巨大,适于咀嚼质地坚硬且纤维丰富的食物。牙齿化验结果显示,一种傍人特别爱吃比嫩叶或水果坚硬得多的草本植物。草中往往富含二氧化硅,这也在傍人的牙齿上留下了非常典型的磨损痕迹。在傍人种群里,雄性比雌性大很多,而且与雄性大猩猩一样,颅骨上存在骨嵴,而骨嵴正是强壮的咀嚼肌的固着点。可是,虽然发现了为数众多的傍人颅骨化石,傍人的其他骨骼是什么情况,我们依然知之甚少。

在埃塞俄比亚发现的埃塞俄比亚傍人（*Paranthropus aethiopicus*）是最古老的傍人物种，生活在270万年前至230万年前。随后，鲍氏傍人（*Paranthropus boisei*）在东非出现，并一直生存至120万年前。第三种傍人名叫粗壮傍人（*Paranthropus robustus*），220万年前至100万年前生活于南非，有人认为它们应是南方古猿非洲种的后代。这三种傍人的确拥有一些共同特征，但它们的亲缘关系并没有那么明显。生活在相似环境中的物种能够演化出相似的特征，这种趋同现象在动物演化史上屡见不鲜，有时候确实容易与遗传得来的物种相似性混淆。

无论如何，到了距今约100万年时，所有的傍人都消失得一干二净，没有留下任何子孙后代。或许，与众不同的饮食习惯使傍人难以适应气候变化和环境改变？或许，人类在傍人的灭绝过程中发挥了某种作用？事实上，傍人的确曾与其他人亚族物种，即人属的成员在这个星球上共同生活过。

第三章

原始人类

在很长的一段时间里，人们一直认为，人类演化史是简单的线性历史：南方古猿演化为一种原始人，也就是能人；能人接着演化为具有现代身体的直立人，而直立人正是智人的直系祖先。然而，近些年来的考古发现对上述每个阶段都提出了质疑，同时勾勒了一幅更加复杂的演化图景。

在人属诞生之前

　　按照现代演化论的原则，人类起源的研究不能简单归纳为寻找假定存在的人类祖先。怎么就能够确信某个化石代表了某个物种的祖先呢？对于动物物种，古生物学家倾向于探寻它们之间的亲缘关系，而不考虑物种在时间上的先后顺序。如果化石显示两个物种具有相同的衍生特征（即解剖结构上的创新性状），我们就认为这两个物种有亲缘关系。这两个物种也就拥有共同祖先，不过，在大多数情况下，共同祖先都不是明确的，尽管某些化石可能与其相近。这种研究方法就是所谓的"支序分类"法，由此可以得到更加严谨、更便于客观探讨的系统发生树（展现物种之间的亲缘关系）。

　　涉及我们的物种时，人们往往会将科学理论的严谨性搁置一旁，因为将某个化石定位到人类的演化世系中具有极大的象征意义。无论是对还是错，直系祖先总比绝后表亲更引人关注。在众多的南方古猿和邻近物种（肯尼亚人、傍人等）中找出谁是现代人类谱系的真正起源、谁是最初的人属物种的祖先，确实很有诱惑力。

于是，古人类学家对化石进行探测，以图确定最为"类人"的特征。他们随即遇到了几个难题。一方面，由于遗骨不完整，往往缺少能够确定物种演化位置的有用要素。另一方面，如果采取这种人类中心视角的话，那每个物种都同时呈现出原始特征和"现代"特征，即更加类人的特征（参见第118页《既是智人又是现代人！》）。

最后，正如我们前面提到的，在相似的环境压力作用下，演化可使得多个物种发生相似的改变。换言之，某个物种身上出现现代特征，并不能证明这个物种就是我们的先祖。因此，尽管都曾制造石质工具，但多个人亚族物种并没有因此被列入我们祖先的行列。

怎样才算人类？

　　即便能够确定某种南方古猿最有可能是人类支系的起源，也无助于找到下面这个重要问题的答案：在演化过程中，这个物种是什么时候变成人的？是不是存在某些明确无误的特征，能够将其鉴别为人类而不是南方古猿？

　　对古生物学家而言，这个问题马虎不得，因为他们要给发现的化石取名。物种的名称不是没有利害关系的。属名取为"南方古猿"还是"人"，这里面的差别很大，关系到能不能引起公众、记者和能为后续挖掘工作提供资金支持的机构的注意！当然了，按说不应该有这些顾虑的，但实际上这些顾虑的影响不容忽视。

　　这个问题不但是哲学问题（是否存在"人类特性"？），也是生物学问题（鉴于黑猩猩与人类的基因相近度，是否应将黑猩猩归入人属？），还是古人类学问题：从什么时候起，或变化积累到什么程度，某个人科物种就可以被算作人属了？这个问题也可以反过来问：从现代人开始回溯历史，最早在过去的哪个时刻我们的祖先就能被视为人类了？

自史前研究开始以来，许多人回答了这些问题。他们给出的答案里，往往借用了略显老套的"人类特性"。随着动物行为学、古人类学、神经学和分子生物学等多个学科不断取得新的进步，这些答案也很快地落伍了。

我们举两个例子。使用工具长期被视为典型的人类特征，但有些动物也会使用工具，比如黑猩猩（用木棍捕捉白蚁、用石头砸开坚果）、海豚（用海绵保护自己的吻突），甚至某些鸟类（用刺捕捉树皮下的蛴螬）。早在南方古猿独自在稀树草原上纵横的时候，就已经出现了最为古老的石质工具（参见第55页《最初的工具》）。另一个例子是大脑的增大。无论是在我们的历史中，还是对我们现今在动物界的地位而言，这个现象都非常重要，在某个时期甚至曾经合理化了"脑容量界值"（cerebral rubicon）的概念：脑容量低于某个值的，就是猿；脑容量高于某个值的，就是人。可是，无论是工具还是脑容量，类似的标准都必须摒弃，因为它们过于简化，没有真正的用处。

　　无论是基因还是解剖学特征，由于各器官以不同的
速度演化，很难制定显而易见的临界标准——只要达到
了这个标准，猿就应被称为人。在实际操作中，古人类
学家根据的是一整套特征，其中包括了在化石上经常能
够观察到的特征，比如脑容量或牙齿的大小和形态。但
是，学界始终无法取得普遍共识；关于多个原始人种的
分类，就一直未曾达成一致。

最初的人属

　　1961 年，玛丽·利基和路易·利基（Louis Leakey）在坦桑尼亚的奥杜韦发现了一个人亚族生物的颅骨和手骨的化石碎片，这个生物生活在大约 180 万年前，与当时已知的南方古猿和傍人都不同。此前不久，他们在同一个挖掘点发现了一些石质工具和一个傍人的骨骼化石，并认为是这个傍人制造了这些工具。但是，新化石的发现改变了整个局面。这个新发现的人亚族生物，手掌更加类人，臼齿也比较小；初步估计脑容量约为 600 毫升，比南方古猿的脑容量大；指骨像黑猩猩一样呈弯曲状，但末端指节变宽，应该便于抓握物体。与此前发现的傍人相比，这个人亚族生物似乎更像是石质工具的打造者。它被命名为能人。

　　在接下来的几年里，古人类学家发现了许多新的

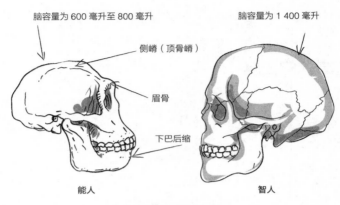

能人和智人的颅骨对比

原始人遗骨，不过这些遗骨具有不同的特征，似乎有必要将它们定义为新的物种，也就是后来的鲁道夫人（*Homo rudolfensis*，意为来自鲁道夫湖的人。鲁道夫湖即现在的图尔卡纳湖）。鲁道夫人体形更高大、面部更扁平。经测定，全部遗骨的年代都在大约 230 万年前至 180 万年前。到了 2015 年，在埃塞俄比亚的勒迪－戈拉鲁（Ledi-Geraru）发现的半个下颌骨化石，似乎将人属的诞生时间向前推了 50 万年，即距今 280 万年。

　　同南方古猿的化石一样，能人的化石也不完整，往往呈碎片化，这导致复原工作很有争议。这些化石是属于两个不同的物种呢，还是属于一个具有很大形态多样性的种群呢？此外，这些人属生物表现出的明显性别二态性，使问题变得更加复杂。不过，这样一来，在化石上观察到的差异就可以部分地归为雌雄两性的差异。最近，人们甚至开始质疑它们是否应该被归入人属了。有些古人类学家认为，许多化石其实属于南方古猿，而真正的人属稍晚才会出现。

另一个难题是，我们对这些人属生物的颅后骨骼（即除了颅骨和颌骨外的全部骨骼）所知甚少。目前，尚未发现与露西同样完整的骨骼。根据已经出土的骨骼化石碎片，我们发现的是比南方古猿稍大也更善于双足行走的人亚族生物，尽管它们依然保留了部分树栖生活习性。它们拥有更短的大脚趾，行走起来更有效率，也具有了能够缓冲震荡的足弓。

地域偏见

年代在 200 万年以上的人亚族化石全都发现于非洲，这为人属的非洲起源假说奠定了基础。实际上，这些人亚族化石几乎全部出土于东非（从埃塞俄比亚到坦桑尼亚，特别是肯尼亚）。在南非，化石往往发现于洞穴中，那时候的人亚族生物不过是大型猫科动物的口中餐。由于滑坡和流水造成地层扰动，很难确定南非发现的化石的年代。

与此相反，在东非，连续不断的火山喷发让年代测定变得较为简单。半沙漠的自然环境为确定化石位置提供了极大的便利。更何况，东非的地质条件也非常有利。地壳板块运动导致地壳岩层断裂、分离，进而造就了漫长的东非大裂谷，大部分考古研究工作都是在东非大裂谷的两侧展开的。在大裂谷的形成过程中，沉积层发生倾斜，原先无法企及的地层现在触手可及。呈现在古人类学家面前的，是几十万年间形成的连续沉积层，而且还是在很小的面积内。

而在占非洲大陆面积 95% 以上的撒哈拉以南非洲，考古研究完全不能开展或很难开展。在又湿又热的森林地区，不但底层土壤难以企及，化石也往往因为环境不利于保存而消失不见。再往北，在撒哈拉沙漠里，考古工作非常辛苦，但也会结出累累硕果；乍得沙赫人"图迈"和南方古猿加扎勒河种的发现就是最好的证明。至于北非，对最初的人类化石来说，那片土地还是太年轻了。

其实，在具有相应年头且可能含有丰富化石的地方，只要努力寻找就能挖到人亚族化石。从目前人亚族化石的发现地来看，东非还不足以被视为不容置疑的人属"摇篮"。

最初的工具

2015年，在肯尼亚图尔卡纳湖畔的洛迈奎挖掘点，出土了最为古老的石质工具，都是粗糙凿成的，其中有石锤和用作石砧的巨大石块，年代为大约330万年前。

洛迈奎的原始工匠使用的制造技术相当简单：直接用要加工的石块（即所谓的"石核"）撞击石砧。这个技术被称为"撞击法"，可以加工锋利的石片，尽管很难对加工成果进行精细的控制。其实，石匠的目的可能只是获得石片，石核不过是锤击产生的残留物。但无论如何，这种加工行为意味着它们对所需物品产生了心理表征。

由于这个时候人属尚未登上人亚族演化的舞台，所以这些工具不可能是人属物种制造的。那时候，在非洲大陆上活跃的人亚族物种只有南方古猿，尤其是南方古猿阿法种（即露西所属的物种）和平脸肯尼亚人。不但没有任何证据能够将这些工具与某个特定的人亚族物种联系起来，而且制造石器的生产工艺也曾被不同物种（包括人类演化谱系以外的物种）屡次加以改进和完善。

能人的工具制造精度更高。这些被称为"砾石砍砸器"的石质工具，至少一侧具有锋利的刃口。能人制造工具时，通常是一手握着加工对象，一手握着石锤。加工产生的碎片也能为之所用。这些砍砸器定义了人类有史以来的第一个石器文化——奥杜韦文化（Oldowan，以其发现地奥杜韦命名）。

锋利石片的生产，可能为能人日后的成功提供了助力，使它们在获取更加多样化的食物方面拥有了巨大的优势。实际上，这些石质工具表明，它们越来越适应食肉的饮食习性。

砾石砍砸器　　　　　　　碎片

属于奥杜韦文化的石质工具

容量与日俱增的大脑

同南方古猿的情况一样，人属的诞生似乎也与气候变化有关。在大约 290 万年前至 240 万年前，气候变得更加凉爽也更加干燥，由此导致森林的面积进一步缩小，并分割成更加开阔、更加多样的栖息地。

与南方古猿相比，人属物种的食物种类更杂，肉类和脂肪所占的比例也更高。人属物种确曾取食尸体上的肉，但并不能因此认为它们拥有猎杀水牛和其他大型动物的能力，这更多的是食腐行为（指食用意外死亡的动物或大型食肉动物杀死的猎物的尸体），而且还要与鬣狗和秃鹫争抢才行。借助手中锋利的石质工具，它们能够切断肌腱获取兽肉，并砸开骨头食用骨髓。

富含蛋白质和脂类的动物性食物的增加，或许与人亚族大脑的增大有所关联。实际上，大脑重量虽然仅

占人类体重的 2%，能量消耗却占人体能量消耗总量的
20% 左右（当然是在不做体力劳动的情况下）。大脑大，
就需要进食营养格外丰富的食物。

拥有大容量的大脑有什么好处呢？同双足行走一
样，我们不能用大脑在几百万年后才显现的优点对此加
以解释。一般而言，灵长目动物的大脑比羚羊和猫科动
物的大脑更发达。这个特点与寻找食物没有关系，与危
机四伏的野外生活也没有关系，而是与灵长目的社会组
织形式有关。分辨敌我、日常协作、构建长期联盟关系
等等，构成了个体间纷繁复杂的关系，而这又要求对族
群内部关系有深入的了解和理解。对南方古猿来说，在
面对比森林更加凶险的开阔环境时，抱团生活会安全很
多。这样一来，由于能够促使族群成员之间建立深入合
作关系，较大的大脑就具有了演化优势。

但是，安全也是要付出代价的！发达的大脑需要营
养更加丰富的动物性食物。动物性食物更容易消化，其
吸收过程对肠道造成的负担小，肠道消耗的能量相应地
更少，由此节省下来的能量正好可为大脑所用。如果大
脑能够更加高效地运转，就能够找到更多的食物来源或
者制造有助于获取食物的工具。这是发达的大脑带来的
第一个良性循环！其产生的第二个良性循环如下：较大
的大脑有助于族群成员搭建良好的社会关系，反过来，

良好的社会关系确保了它们更好地开发利用环境，比如，通过共享新资源等方式。在今天看来，这些相互作用至少部分解释了人属为什么会出现。

脑容量

通过某个人亚族生物的颅骨化石，可以大致估算其脑容量大小。在同一个物种内部，脑容量的差异非常大（人类的脑容量为 1 000 毫升至 2 000 毫升，最大值几乎是最小值的两倍），也根本不可能知道每个个体的实际脑容量。

在物种之间，平均脑容量的差异比较大：黑猩猩的平均脑容量为 400 毫升，明显与我们人类（平均脑容量为 1 350 毫升）不同。不过，在对比时还应考虑两个物种的身材差异，因为黑猩猩比人类小很多。理论上说，脑容量随着身材的增加而增加，但二者并非成正比例关系。人类的大脑只占体重的 2%，鼩鼱的大脑却能占到体重的 10%！

因此，在比较两个物种时，更多的是对比它们的脑化指数。所谓的脑化指数，指的是动物的实际脑大小与根据体重得出的预期脑大小之间的比值。人类的脑化指数比其他物种高，约为 7.5，这说明人类的大脑比同等体形的哺乳动物的预期脑要大七八倍。黑猩猩的脑化指数为 2.5，海豚的脑化指数为 5.3。

与南方古猿相比，最初的人属生物不但拥有更大的大脑，还拥有更大的身体。其实，直至大约 50 万年前，人亚族的大脑主要都是随着身材的增大而增大的。在那之后的脑容量才是真正地增加了。

无论是脑容量还是脑化指数，都不足以描述人属身上实际发生的变化。其他因素与智力（这里简单理解为解决新问题的能力）的关联更紧密，比如大脑皮层（即大脑表层灰质）神经元的数量及功能（即神经元与其他神经元连接的能力或神经冲动的传导速度）。

脑同样在颅骨上留下了自己的印记，这就为我们提供了一些与脑的构造有关的信息，比如大脑各个脑叶的相对大小或左脑与右脑的差异。人类的演化同样伴随着脑部结构的改变，这些改变可能与脑容量的增加具有同样重要的意义，但是化石并没有给出大脑构造的相关细节（除非化石中保留了 DNA，参见第 118 页《既是智人又是现代人！》）。

直立人是个大个子

1984 年，纳利奥科托美（Nariokotome）男孩（又称"图尔卡纳男孩"）的发现，使我们对最早人类的了解向前迈出了一大步。这是一副近乎完整的骨架（只缺了手和脚），其生理特征与我们更加接近。

这个骸骨化石可以追溯至大约 150 万年前，由理查德·利基（Richard Leakey）考古队的卡莫亚·基穆（Kamoya Kimeu）在图尔卡纳湖畔发现。图尔卡纳男孩死亡时仅有 8 岁，身高刚过 1.5 米。成年后，身高或许将达到 1.7 米，甚至更高。一开始，人们认为它已经 11 岁了，而且身材更加高大，但牙齿化验结果显示，它的发育速度比人类快了不止一星半点——才到 8 岁，它就几乎完成了身体发育！与南方古猿相比，它的骨骼与人类更加相似，四肢比例非常接近人类。骨盆和股骨的结构说明它善于行走甚至能够奔跑，但论起攀缘树木或许就不是祖先的对手了。2009 年，人们在肯尼亚发现了这一物种的脚印，其中不少与智人的脚印难以区分。

图尔卡纳男孩的颅骨相对较小，面部向前凸出。牙齿比人类粗大，但与能人相比还是有所减小。眼眶上方有粗壮的眉骨，额头后倾，几乎没有下巴。

凭着 800 毫升左右的脑容量，直立人的演化程度比能人略高，但直立人的身材可比能人高大得多。不过，与能人相比，直立人的大脑更加不对称，布罗卡区和韦尼克区（对人类语言能力至关重要的两个脑部区域）比较发达，但这并不意味着直立人具有语言能力，因为那还需要咽喉的结构满足条件才行。然而，化石并未给出

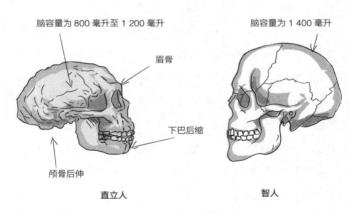

脑容量为 800 毫升至 1 200 毫升

眉骨

下巴后缩

颅骨后伸

直立人

脑容量为 1 400 毫升

智人

直立人和智人的颅骨对比

与咽喉结构有关的任何信息。

最开始，人们将图尔卡纳男孩确定为直立人（迄今为止还没有发现如此完整的直立人骸骨）。随后，一些古人类学家认为，同亚洲发现的直立人相比，图尔卡纳男孩足够不同，完全可以视之为另一个物种。最终，图尔卡纳男孩被定名为匠人（*Homo ergaster*），并被视为亚洲直立人的非洲先辈。

无论被称为匠人还是直立人，该人属物种自190万年前起便生活在非洲大地上。人们曾经认为它们是能人的后代，不过人们已经发现了二者的同时代化石（距今约150万年），这说明它们曾经在这个星球上共存了至少50万年。或许，生活方式的不同削弱了相互之间的竞争。与直立人相比，能人的食性更加偏向素食。

同步加速器带来的发现

X射线微断层扫描（X-ray microtomography）可以非常精确地探测骨化石内部且不会损坏化石。在牙齿上取得的研究结果格外引人注意。随着生物个体不断发育，坚硬无比的牙釉质在牙齿表面逐渐沉积。借助同步加速器，可以发现以细纹形式存在的牙釉质沉积。这么一来，就能确定生物个体生命中重大事件的发生日期，比如出生或断奶，因为这些事件都会在牙釉质中留下痕迹。

　　通过对牙齿微观结构的观察，我们发现南方古猿的发育速度很快，与黑猩猩的发育速度很接近。图尔卡纳男孩的发育速度相对缓慢，但与我们人类还是大有不同。

多种用途的两面器

如果我们在定义自己的物种时坚信历史和史前史所示的人类和智慧长久以来的特征，那我们或许不会自称智人，而会自称工匠人（*Homo faber*）。

——亨利·伯格森（Henri Bergson），1920

与图尔卡纳男孩同时出土的还有一些砍砸器，和能人制造的砾石砍砸器类似。不过，在这个时期，非洲大陆上已经出现了新的工具——两面器。所谓的两面器，是指加工成杏仁状的石头，多多少少呈椭圆形或三角形，两个侧面做了对称加工，两面之间是锋利的刃口。

迄今为止发现的两面器最早可追溯至大约 170 万年前，都是直立人制造的。直立人还制造了与两面器类似的手斧，二者的区别在于，手斧的一个面未经加工，且刃口几乎与其自身中轴垂直。制造过程中产生的碎片，直立人

两面器　　　　　　　两面器　　　　　　　手斧

属于阿舍利文化的石质工具

也不会丢弃，而是通过打磨将其改造成较小的工具。

　　根据 1872 年在圣阿舍利（法国亚眠下辖地区）发现的两面器，人们将这个文化命名为"阿舍利文化"（Acheulian）。阿舍利文化紧接奥杜韦文化而来，但二者的石器制造技术在时间和空间上都有所重叠。奥杜韦文化和阿舍利文化共同定义了旧石器时代早期。

　　人们先后在近东和印度发现了两面器，其历史可追溯至大约 150 万年前。欧洲最早的两面器诞生于距今 65 万年前后。阿舍利文化在大概 30 万年前逐渐被最初的智人和尼安德特人特有的莫斯特文化（Mousterian）所取代。

　　两面器的产生是重大技术变革的结果。这是因为两面器的制造有两个前提：首先，要事先对所需工具有精确的初步设想；其次，要拥有比制造砾石砍砸器更高超的手艺。在两面器中，史前史学家还看到了有美感的外观，以及创造对称形工具的主观意愿，而这可比制造单纯满足具体用途的工具要复杂很多。

另外，对于直立人怎么使用两面器，我们依然没有头绪。当然了，两面器能用来切割肌腱、剥离关节或砸开骨头以获取骨髓，为直立人食用尸体提供了极大的便利；在牛尸上进行的试验也为此提供了佐证。但是，两面器的造型多种多样，想必还有其他用途，比如挖掘土地、砍斫树干、刺穿皮肤甚或击打对手（参见第88页《狩猎与传统》）……此外，还可以通过不断的打磨对工具进行改造并改变其用途。

随后，在距今50万年前后，出现了以骨头或鹿角制成的"柔软"手锤，这使得打磨的精度更高。借助这种手锤，直立人使用在远方发现的奇石精心制造了用于祭祀或象征威望的两面器。

新面貌

猴子共有 193 种，其中 192 种身披毛发，唯一一种全身光滑无毛的猴子自称为智人。

——德斯蒙德·莫里斯（Desmond Morris），1960

有些古人类学家，比如丹尼尔·E. 利伯曼（Daniel E. Lieberman），将直立人的奔跑能力视作人类世系演化的关键因素。出色的体能加上可用作武器的先进工具，使直立人成了人类历史上第一个真正的猎手。

在稀树草原上，许多动物跑得比人快，但能与人类一样长时间奔跑的却少之又少。人类的真正特长其实是耐力！我们可以非常容易地想象直立人通过追逐而累垮猎物的画面。当然，这里说的猎物可不是那些体形庞大的野兽，而是羚羊或野兔这样的小动物。

直立人之所以善于奔跑，是因为获得了修长双腿之外的新特征。直立人身材更加苗条，胸腔更加呈圆锥状。由于摄取的植物性食物减少，它们的肠道变得更短，腹部也变小了。由于身处热带，它们应当出汗很多。汗液的蒸发快速消散了肌肉运动产生的热量，这是调节体温的有效方式，而动物往往因为不能这样调节体温而耐力受限。

直立人大量出汗，是因为皮肤上有数以百万计的汗腺，这意味着直立人已经失去了祖先曾长有的绝大部分毛发。至于人类是什么时候失去毛发的，化石没有给出任何信息，但失去毛发与善于奔跑有所关联并非毫无根据的假设。

为了了解得更多一些，我们可以问问……虱子！所有灵长目动物的身上都有寄生虫。在今天的人类身上，甚至生活着好几种不同类型的虱子：头虱、体虱、阴虱。这几种虱子之间互有亲缘关系，与黑猩猩或大猩猩身上的虱子也有相似之处。通过分析它们的 DNA，我们得到了与人类演化有关的非常有趣的信息。事实上，头虱和体虱是近亲，十来万年前才开始分化，而它们的分化可能与衣物的诞生有关。另外，它们与生活在黑猩猩身上的虱子还有共同祖先，这个共同祖先生活在大约 560 万年前，而人类和黑猩猩两个支系差不多就是在这个时候分道扬镳的。

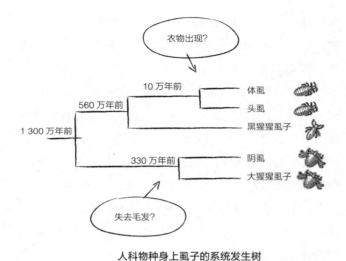

人科物种身上虱子的系统发生树

至于阴虱，则与生活在大猩猩身上的虱子亲缘关系较近，二者在约330万年前发生分化。在此之前，虱子应当可以轻而易举地在人亚族和大猩猩族之间传播，至于传播途径，或许是人亚族和大猩猩族重复使用每日在树下形成的枯枝落叶层。不过，两种虱子的分化表明其生存环境变得有所不同，这或许与第一批人属失去毛发脱不了干系。于是，原本生活在大猩猩身上的虱子继续在大猩猩的每一寸毛发中繁衍生息，而生活在人属身上的虱子最终选择蜗居在阴部。这么说来，失去毛发应当比人类诞生还要稍早一些！

　　毛发的减少还产生了另一个结果。赤道地区光照强烈，这就要求对皮肤提供强有力的保护，以使其免受危险的紫外线的伤害。在毛发的保护下，南方古猿的皮肤可能呈浅色，就像经常在现存猿猴身上观察到的一样。而原始人裸露在外的皮肤中快速积累了大量黑色素，在保护皮肤的同时，这种物质还或多或少给现代人类皮肤着色。

"开枝散叶"的原始人

　　迄今发现的原始人属物种遗骸，构成了一幅马赛克镶嵌画，各个物种随着最新的解读、重建和发现改变着自己的位置。如上所述，人们已经描述了能人、鲁道夫人和直立人，这三个物种似乎曾经共存，或者至少在某些时期共存。

　　有些研究人员质疑是否应当将人属分成几个物种。他们的主要依据是 1991 年至 2005 年在格鲁吉亚德玛尼西发现的工具和骸骨，其中有五个保存相当完好的颅骨，均可以上溯至大约 180 万年前。第五个颅骨，代号为 D4500，与五年前出土的一个下颌骨极为相配，其脑容量约为 550 毫升，接近能人的最小脑容量，面部与直立人类似，牙齿则与鲁道夫人相仿。另外四个颅骨的脑容量稍大，为 630 毫升至 700 毫升。这些颅骨和颌骨均具有镶嵌演化特点；兼而有之的原始特征和衍生特征，将它们与同一时代的全部人属物种（能人、鲁道夫人、匠人）关联起来。

然而，这些在同一个地方发现的属于同一个时代的颅骨大有可能属于同一个种群。最初对它们进行描述的研究人员认为，这些颅骨在不同的地点出土，彼此之间差异很大，应被视为五个不同的物种。实际上，它们的差异之处应归因于年龄的不同：牙齿分析结果表明，一个颅骨的主人当属"英年早逝"，而另一个牙齿掉光的颅骨，显然来自一个垂暮老者。此外，还应当考虑它们的性别和种群内部的个体变异性。

2013 年，颅骨的发现者——大卫·罗德基帕尼泽（David Lordkipanize）及其同事——发布了关于这个种群的分析报告。在他们看来，在个体变异性方面，这个种群足以与人类或黑猩猩等量齐观。正因如此，他们提

德玛尼西出土的五个颅骨的 3D 复原图

议将这一时期的人属生物全部划入同一个物种——直立人。不过，由于忽略了与其他地区出土的化石的实际差异，这种"一刀切"的归并方式没有得到全体古人类学家的赞同。

2013 年，美国古人类学家李·R. 伯格（Lee R. Berger）带领考古队在南非的新星（Rising Star）洞穴——距离他发现南方古猿源泉种的地方仅有 1 000 米远——发现了大量的骨骼化石。总数超过 1 500 件，来自至少 15 个年龄各异的个体，通过拼凑可以得到几乎完整的骸骨。这一发现——至少在数量上——堪称古人类学史上最为重大的发现，也为"枝繁叶茂"的人类演化树增添了新的枝叶。

与南方古猿类似，这些骸骨兼具原始特征和现代特征，身材短小，脑容量也小（约为 500 毫升），乃至于李·R. 伯格将其视为新物种，命名为纳莱迪人（Homo naledi），并将其视为人类的潜在祖先。纳莱迪人的手臂适于攀缘，但双手似乎能够进行精细操作，髋关节与露西类似，双足则极具现代特征。同南方古猿源泉种一样，纳莱迪人也表现出兼具原始特征和衍生特征的镶嵌演化现象。而某些骨头，比如股骨，则带有在南方古猿和现代人身上都前所未见的独特细节特征。

一般而言，骸骨大量累积是掠食者进食或地下河冲刷造成的。由于遗址里没有发现羚羊或其他动物的骸骨，李·R. 伯格断定这个遗址应当是纳莱迪人丧葬行为的结果。不过，绝大多数专家都不认同这个假说，因为如果这个假说成立，那就意味着纳莱迪人已经学会了使用火，否则它们是无法抵达洞穴底部的，然而，迄今为止尚未发现脑容量那么小的人亚族成员会使用火。

起初，经过测定，骸骨的年代为大约 200 万年至100 万年前，这就很难确定其在人属中的演化位置了。2017 年人们进行了第二次测定，确定其年代仅为大约30 万年前，这样一来，解释它们在人类系谱图中的位置变得更加复杂。尽管骸骨数量众多，但这些年代上的问题使众多研究人员不得不就纳莱迪人的演化位置乃至其是否仍可被归为人属进行激烈的辩论。此外，在尚未于科学期刊中详细描述考古发现前，李·R. 伯格就将其大肆展示并发表在大众杂志上，学界对此也是持保留态度的。

第四章

去往世界尽头

如今，智人已经遍布全球。所有的发现和证据都令人猜想人类起源于非洲。如果果真如此，那我们还需要弄明白下面这两个问题：我们的祖先是怎么迁移并占领其他大陆的？这些迁移的原始人在现代人的诞生过程中发挥了什么样的作用？

走出非洲

解决方法路上找。

        ——古代谚语，
传为第欧根尼所言

许许多多的考古发现将人类祖先走出非洲并逐渐占领欧亚大陆新地盘的日期向前推，而且越推越远。

    虽然已经成了约定俗成的用语，但是"走出非洲"这个说法并非没有缺陷。"走出非洲"，给人的感觉像是一蹴而就，而事实上，我们的祖先是追随着角马或斑马迁徙的脚步逐渐扩大自己的分布区域的。角马或斑马的迁徙受制于气候变化，追随着它们的步伐，以打猎和采集为生的原始人便得以探索新的地域。或许，这些原始人也曾短暂地面临人口增加的压力。其探索行为并非出于自愿或事先规划，而是时快时慢的整体移动，在几千年间不断持续进行，且在个体层面几乎难以察觉。即便每一代人的移动距离可能都不到 10 千米，在几万年的持续迁移中，还是有些原始人能够到达远东的，而大部分年代测定技术的精度甚至还达不到几万年。

在红海和里海之间的德玛尼西（位于格鲁吉亚）发现的人属物种化石证明，远在大约 180 万年前，原始人的足迹便已踏上欧亚大陆。它们使用的工具不过是造型简单的砾石砍砸器，与能人制造的工具类似。还有人提出，人类走出非洲大陆的日期其实更早。2016 年，在印度北部的马索尔（Masol）挖掘点出土的牛科动物骸骨上发现了食腐的痕迹。随着这些骸骨出土的也有砾石砍砸器，其年代甚至可以追溯至距今 260 万年。

改变

在迁移过程中,原始人面临着与非洲大陆截然不同的生活环境。生活环境、生活方式及周围物种的不同,导致它们沿着不同的演化路径分化,尤其是在出现了长期的地理隔离后。领地的不断扩大,伴随着纷繁丛杂的演化,最终导致多个人属物种的诞生。

1891 年,欧仁·杜布瓦在印度尼西亚的特立尼尔(Trinil)挖掘点发现了历史上第一个直立人化石,并将其命名为直立猿人。随后,在爪哇岛发现了这个物种的其他骸骨,比如可以追溯至大约 80 万年前的桑吉兰(Sangiran)颅骨。从 1921 年到 1937 年,在北京附近的周口店出土了属于同一物种的大量骸骨,起初人们将其命名为中国猿人(昵称"北京人")。可惜,二战期间,这些化石在运往美国的途中全都消失在了茫茫大海上。

　　到了 20 世纪 50 年代，古人类学家达成了共识，将在亚洲发现的这些化石全部归为"直立人"。直立人五官粗犷：眉骨粗壮，眼眶后侧颅骨缩小，额头后倾，臼齿较大，几无下巴（参见第 62 页插图）。颅骨向后伸长，像是在枕骨上盘起的发髻。颅骨骨壁极为厚实。脑容量通常在 800 毫升至 1 100 毫升之间（如果将德玛尼西发现的化石也考虑进来，那这个数值还要减小）。颅盖的形状很有特点。直立人的颅骨骨壁向着头顶的方向收缩，而智人颅骨的最宽处位于头颅中部。

　　然而，亚洲的直立人与非洲的直立人并无根本性的差异。1978 年在中国云南大理发现的距今 26 万年的颅骨与在赞比亚发现的年代稍古老些的卡布韦（Kabwe）颅骨及在希腊发现的佩特拉罗纳（Petralona）颅骨非常相似。这些相似之处令人猜想，直立人在旧世界广泛分布，且没有出现大的分化。尽管四散在世界各地，直立人各个群落之间的基因交流或许仍在进行，并没有发生具有决定性意义的中断。

最初的欧洲人

　　欧洲最为古老的人亚族化石是 2018 年在西班牙奥尔塞（Orce）发现的一颗人亚族生物牙齿，其年代约为距今 140 万年。除此化石孤本以外，已经证实的最为古老的欧洲人亚族骸骨发现于西班牙阿塔普埃尔卡（Atapuerca）的几个矿层里。

　　在"象坑"（Sima del Elefante）里，出土了几个人亚族骸骨化石和一些人亚族活动的痕迹，还有几件奥杜韦风格的工具。经测定，这些骸骨化石的年代为距今 120 万年，被认为是直立人。与此相比，邻近的格兰多利纳（Gran Dolina）洞穴的骸骨更加丰富，共出土了距今 78 万年的约 80 件骨骼碎片。由于与直立人的骨骼稍有不同，这些骨骼碎片被命名为前人（*Homo antecessor*，又称先驱人）。前人使用的工具也是砾石砍砸器，没有一丁点儿两面器的特点。2013 年，在英国黑斯堡（Happisburgh）的海滩上发现了同一年代的脚印，研究认为是两个成年原始人和几个儿童留下的。

凭着另一个年代更近的矿层，阿塔普埃尔卡挖掘点享誉世界，这便是被称为 Sima de los Huesos 的"骨坑"。自 1984 年开始挖掘以来，坑中已经出土了几个完整颅骨和 6 800 余件其他骨骼，它们属于距今大约 43 万年的至少 28 个个体。今天，这些古人类被命名为海德堡人（*Homo heidelbergensis*），其身材高大强壮，男性平均身高为 1.7 米，女性平均身高为 1.57 米，男女之间的身高差与我们差不多。海德堡人能够制造阿舍利风格的两面器。

海德堡人的骸骨兼具原始特征和衍生特征：它们拥有与直立人相似的粗犷面部；两个眼眶上方均有眉骨，但直立人的两个眉骨是连在一起的；脑容量为 1 230 毫升，比亚洲直立人的脑容量平均值高出很多。一些解剖学特征，比如不明显的颧骨，令人将它们与稍晚时候生活于同一地区的尼安德特人关联起来（参见第 94 页《欧洲的尼安德特人》）。此外，DNA 分析结果也显示海德堡人可能是尼安德特人的直接祖先。

另一些在欧洲发现的年代更近的化石也表现出类似的特征，比如亨利·德·拉姆利（Henry de Lumley）团

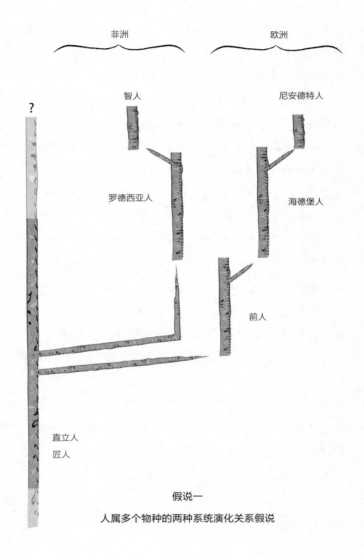

智人

尼安德特人

?

罗德西亚人

海德堡人

前人

直立人
匠人

假说一

人属多个物种的两种系统演化关系假说

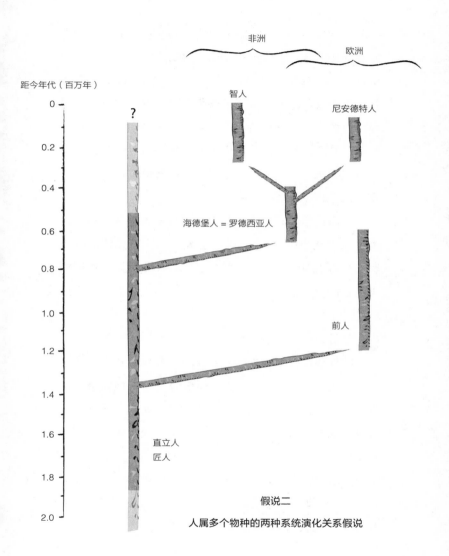

距今年代（百万年）

非洲

欧洲

0

0.2

0.4

0.6

0.8

1.0

1.2

1.4

1.6

1.8

2.0

？

智人

尼安德特人

海德堡人 = 罗德西亚人

前人

直立人
匠人

假说二

人属多个物种的两种系统演化关系假说

队于 1969 年在法国东比利牛斯省阿拉戈（Arago）洞穴发现的距今 45 万年至 30 万年的陶塔维尔人（Tautavel Man），或在德国发现的施泰因海姆（Steinheim）颅骨和在希腊发现的佩特拉罗纳颅骨。许多专家都将它们视为海德堡人。在一些研究人员看来，海德堡人是严格意义上的欧洲人种，是从至少 100 万年前来到欧洲的直立人发展而来的"前尼安德特人"。在演化过程中，这些直立人想必经过了前人阶段。

然而，即便直立人、前人、海德堡人这几个不同的类群相继出现并生活在同一地区，却没有任何证据表明它们互为亲代子代。理论上讲，一些类群非常可能灭绝且没留下任何后代，并被来自其他地方的新种群所取代。

于是，另一些研究人员就认为，直立人至少曾经两次向欧洲移民。第一拨移民在 120 万年前抵达欧洲，它们是前人的祖先，但在 60 万年前的大冰期期间全部消失了。或许，来自非洲的原始人取代了它们；这些原始人是尼安德特人的祖先，拥有更大的大脑并带来了阿舍利文化。

在这种情况下，海德堡人就是一个欧非物种。在大约 30 万年前，海德堡人在欧洲诞下了尼安德特人（以及丹尼索瓦人），并在非洲诞下了智人。在此需要明确说明一下，某些被视为海德堡人的化石，特别是卡布韦颅骨，最初被命名为罗德西亚人（*Homo rhodesiensis*）。许多专家提议将二者统一归入海德堡人名下，但另一些人仍坚持将二者区分开来的做法。

狩猎与传统

　　无论是晚期直立人还是海德堡人，它们都是优秀的猎手，能够猎杀大型动物，比如马甚或犀牛。也是它们最先在长矛上安装尖利的石头以增强杀伤力。在英国博克斯格罗夫（Boxgrove）曾经发现了一块似乎曾被燧石刺穿的马肩胛骨，其年代为距今 50 万年。

　　同样，在德国的舍宁根（Schöningen）发现了三件 40 万年前制作的标枪。标枪为木质，长达两米，保存状况极佳。标枪被精心切削成流线型，重心位于距前端三分之一处，以便投掷。

　　猎杀大型猎物是一项非常复杂的活动，需要参与者之间的高度配合。某些研究人员认为，这项活动证明了参与者之间还存在精心设计的沟通语言。在"骨坑"中曾经出土了两块舌骨。舌骨位于咽部上方，是舌头肌肉和咽喉肌肉的附着点，在产生语言的过程中发挥着重要作用。阿塔普埃尔卡发现的舌骨与尼安德特人和智人的舌骨相仿，但这并不足以证明海德堡人拥有语言。

另一个问题涉及埋葬行为。同样是在"骨坑"，所有的骸骨都集中在同一个地点。一些研究人员猜想，它们是在死后被有意丢进坑里的，而且一同丢进坑里的还有漂亮的红黄色两面器。不过，有确切证据的安葬行为是在更近的年代（大约距今 10 万年）才发生的。

在出土的骸骨中，有个颅骨的额骨上有两处骨折。根据对骨折情况的详细研究，这个人应当是在致命的搏斗中被敌人用同一件武器两次猛击头部而死的。这么一来，这个颅骨可以算是一桩最古老悬案的证据了。

许多挖掘点都发现了食人的痕迹。在格兰多利纳洞穴发现的骸骨中，不少被斩首，骨头上布满被砍的痕迹，还被砸开以吸食骨髓，处理方式和动物（野牛或鹿）骨头别无二致。究竟是为了生存而不得不食人还是祭祀性的食人，现在已经不得而知。由于许多受害者都是儿童，人们猜想当时的原始人视邻近部落的年轻人为捕猎对象。这种行为在陶塔维尔也有发现，在当时似乎相当普遍且并未随着时间的推移而消失。

火的掌控

乌拉穆尔人（Oulhamr）逃进了可怕的黑夜里。他们痛苦不堪、筋疲力尽，在圣火已灭的终极灾难面前，一切似乎都失去了意义。

——J.H. 罗斯尼·埃内，1911

火，是人类驾驭自然的最古老象征之一。在能够自行生火前，我们的祖先或许先是学会了如何掌控并利用雷电或火山喷发引发的火。迄今为止，考古学家已经发现了许许多多与火有关的遗迹，有木炭，也有因受热而崩裂的石头。不过，区分自然火灾的痕迹和人工生火的遗迹已非易事，证明某个火堆的确是某个原始人类点燃的更是难上加难。

在南非奇迹洞（Wonderwerk Cave）发现的古老篝火遗迹（可追溯至距今 100 万年）似乎是烤炙骨头留下的。原始人应当是使用了取自大自然的火来烹饪肉食。

如此一来，有些研究人员认为，人类开始烹饪食物的时间远远早于炉灶的出现。但是，依然无法确定这个时期的原始人是否确实学会了使用火。

生火方法

原始人主要使用两种方法生火。第一种方法利用两块木头相互剧烈摩擦产生的热量引燃干草，遗憾的是，用来取火的木制工具几乎没有留存下来。第二种方法利用的是燧石突然摩擦富含硫化铁的石头时产生的火花（两块燧石相互摩擦是没有用的），这种生火工具出现的年代较晚（距今不到3万年），留下的遗迹也极为罕见。

已经确认的最古老的炉灶出现在距今约40万年，人们在法国布列塔尼的梅奈兹-德雷冈（Menez-Dregan）遗址和中国北京的周口店遗址都发现了原始人搭建的炉灶。这些炉灶呈圆形，以煅烧后的石头垒成，炉灶中有灰烬和木炭，还伴有其他原始人类活动的痕迹，比如动物骸骨或石质工具。

当然，火有着多种用途。火可以驱散掠食动物，可以温暖并照亮营地或住所，可以加热矛尖使其变硬，可以为石头切削提供便利，还可以弄熟食物并有助于保存肉或鱼。对于来到了高纬度地区的原始人而言，燃起的篝火延长了它们在日落后或冬天里的交流时间，进而在它们的社会化过程中发挥了某种作用。

烹饪食物时会散发出诱人的香味。不能生吃的食物在弄熟后也会变得美味可口。火还能降低因食物腐坏或感染致病微生物而导致中毒的风险。另外，弄熟之后，块根和块茎的咀嚼和消化消耗的体能更少，也更容易消化吸收，并为机体提供更多的能量。原始人就不必再花费大量时间寻找食物。这样看来，煮熟食物与人属大脑的增大和牙齿的减小或许有着一定的关系。

其他
人属
物种

　　我们智人的祖先曾与其他人属并肩同行。显而易见，这些人属与我们的祖先拥有相同的远祖，但在进化的道路上，它们与我们的祖先分道扬镳了。也许，我们的祖先和它们都视彼此为同类，并曾共同生儿育女，但由于差别实在太大，不能合而为一。这些"其他的人属"，在我们的历史上书写了迷人的篇章，使我们得以遐想自己可能会成为的模样。尼安德特人在大约 4 万年前灭绝了，而我们的祖先则生存了下来。比起它们的存在，尼安德特人的灭绝更令我们着迷。

欧洲的尼安德特人

在"其他人属"中，尼安德特人是当今最为知名的，或许也是与我们最接近的。一个半世纪以来，史前史学家就尼安德特人与我们的异同展开了旷日持久的探讨，与我们如此相似却又和我们如此陌生的尼安德特人，深深地吸引了公众的注意。

在很长的一段时间内，尼安德特人被视为我们的祖先。后来，尼安德特人被降格为近亲，成为智人下面的一个亚种。再后来，尼安德特人被从智人中分离出去，成为与我们不同的新物种。1997年，通过分子生物学领域的研究，人们先是确认了尼安德特人与人类的分野，随后发现了两个物种之间的杂交特征。

根据"骨坑"出土化石的DNA分析结果，在大约76.5万年前至55万年前，智人（现代人的直系祖先）

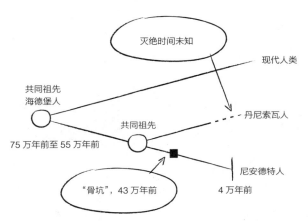

根据西班牙"骨坑"出土化石的 DNA 分析确定的现代人类、
尼安德特人和丹尼索瓦人的共同起源示意图

和尼安德特人的共同祖先海德堡人生活在非洲的某个地
方（参见第 140 页《史前 DNA》）。海德堡人是直立人
的后代，但与直立人并无太大不同，只是比直立人稍微
高大一些，也稍微更像人类一些。海德堡人的一些后代
后来到了欧洲，并在欧洲继续演化，最终形成了尼安德
特人。

　　尼安德特人在演化过程中也发生了变化：生活在 10
万年前的尼安德特人与生活在 40 万年前的前尼安德特
人是有所区别的，尽管后者已经具有了某些标志性的特
征。为了更好地与智人相区分，人们往往描述的都是后
者，它们的化石是 19 世纪发现的史前原始人化石的组

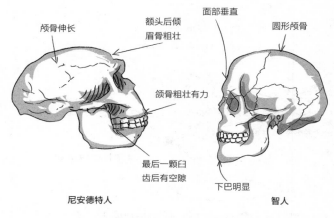

颅骨伸长　　额头后倾　　面部垂直　　圆形颅骨
　　　　　　眉骨粗壮

颌骨粗壮有力

最后一颗臼
齿后有空隙

下巴明显

尼安德特人　　　　　　　　　智人

尼安德特人和智人的颅骨对比

成部分。

　　与同时代的智人相比，尼安德特人的个头较小（男性身高 1.7 米、女性身高 1.6 米）。尼安德特人面容粗犷，骨头厚实，肌肉强健。与我们相比，尼安德特人的颅骨较大但偏低，呈伸长状，平均脑容量比我们大，为1 500 毫升。相应地，尼安德特人的面部较大，且向前凸出，鼻子大而长，颧骨不太明显，额头后倾，下巴也向后倾斜，与智人的外貌迥异。

尼安德特文化

最为古老的尼安德特人生活在阿舍利文化时期，能够制造两面器。到了大约30万年前，在继续制造两面器的同时，尼安德特人开发了新技术，即"勒瓦娄哇"（Levallois）切削技术（以在巴黎近郊勒瓦卢瓦采石场发现的石质工具命名）。原石（或石核）经过一系列击打除去碎屑后，再一击定型，得到设想的工具。

使用这种切削方法时，不但要对所用材料有很好的了解，还要拥有相当的手艺。这种方法增加了用一个石核制造出的工具的数量。

勒瓦娄哇切削技术器

两面器　　　　　刮削器　　　尖状器　　石片

属于莫斯特文化的石质工具

由勒瓦娄哇切削技术得到的石片和尖状器定义了一个全新的石器文化——莫斯特文化。从时间上看，莫斯特文化对应的是距今 30 万年至 4 万年的旧石器时代中期。

莫斯特文化在欧洲与尼安德特人相关联，在非洲却与早期智人相对应。究竟是欧洲的尼安德特人还是非洲的早期智人发明了这项制造技术，我们无从知晓。是它们分别独立发明了这项技术吗？还是它们之间的接触实现了新技术的传播呢？而 2018 年在印度发现的距今38.5 万年的勒瓦娄哇风格的工具，更是使得笼罩在这项技术上的迷雾变得越发浓重。

尼安德特人非常关注所用燧石的属性。人们发现，尼安德特人通常只开采居住地附近的石头（5 千米范围内），却将制造的工具携带到很远的地方（超过 50 千米）。它们占据了许多岩洞作为住所。或许，它们在露天自建的住所都是轻型建筑，所以没有留下任何痕迹。在它们的住所里，炉灶很常见，也使用了很长时间。

为了将尖状器固定在长矛上，尼安德特人会使用桦树的树皮制作黏胶，为此，需要按照精确的程序将树皮缓慢加热至一个相当低的温度。尼安德特人猎杀驯鹿和野马，也不放过原牛（现存家牛的祖先）和犀牛这些凶猛的动物。骸骨化石显示，一些尼安德特人曾经骨折，其伤痕形状与今天的牛仔驯服野牛时骨折的伤痕相仿。领地偏北的尼安德特人占据了和狼类似的生态位，食物中有丰富的动物性食物。

领地偏南的尼安德特人主要以植物、蘑菇和小动物（鸟、龟、鱼等）为食。由于冰期导致海平面变化，尼安德特人在海岸上的大部分居住点都消失了，但西班牙南部洞穴中发现的遗迹说明，这一食性在尼安德特人的演化历史上发挥了重要作用。尼安德特人能够用火烹饪食物，但并不是一直都这么做，也不是每个地方的尼安德特人都会这么做。一些古人类学家猜想，尼安德特人并不会生火，所以在某些居住点或在某些时期没有炉灶。不过，也有可能是因为在罕有木材的草原上很难维持火焰的持续燃烧吧。

人们同样注意到，尼安德特人身上没有智人拥有的

AHR 基因变体。肉类在烧烤时会产生有害分子（致癌的多环芳烃类物质），而 AHR 基因的作用就是降低这些物质的有害影响。智人似乎经历了 AHR 基因的强烈选择，尼安德特人则没有。

此外，与它们之前的（和之后的）人属生物一样，尼安德特人也经常有食人行为，正如法国阿尔代什省的穆拉-盖尔西（Moula-Guercy）遗址所示。

牙垢的用处

骨头部分由胶原蛋白构成。在胶原蛋白中，氮原子以不同形式（无放射性的同位素）存在，尤其是异常丰富的氮-14和非常稀少的氮-15。氮-14 和氮-15 这两种同位素所占的比例因个体死前十年间的饮食不同而异。实际上，植物中会富集少量的氮-15，食草动物中富集的氮-15 比植物中稍微多一些，食肉动物中富集的氮-15 又比食草动物中多一些。借助同位素化学的研究方法，能测定元素的比例。尽管年代久远，化石中依然含有少量的胶原蛋白，由此便可测定氮-14 和氮-15的含量。氮-15 含量高的，就说明食性偏肉食。

此外，提取化石中的 DNA 并对其进行分析测序是另外一项应用日益广泛的化学技术。有待提取并测序的不是骨头中的 DNA，而是牙垢中甚或洞穴土壤中含有的 DNA。牙垢能够提供与食物相关的信息。即使在洞穴里没有发现任何骨骸，也可以弄清楚谁曾在洞穴里居住过或者什么东西曾经在洞穴里被吃掉。我们就是这样识别出了鬣狗和熊——后者常居住在洞穴里——以及猛犸象、犀牛、驯鹿和马，当然还有人类。虽然尼安德特人没有留下任何可见的遗迹，但我们依然发现它们曾经在洞穴里待过。

同样，通过分析身份不明的残骨的蛋白质（其实是古蛋白质组），也能弄清楚残骨属于什么物种，如果是人亚族的残骨，还可以弄明白它与已知谱系的基因相近度。

尼安德特艺术家

　　在几十万年的历史期间，尼安德特人的切削技术几乎没有任何改变。不过，在大约 4.5 万年前，差不多在第一批智人抵达欧洲的时候，不少文化上的创新横空出世。这些创新是文化同化现象，还是尼安德特人对智人技术的模仿，抑或是演化将尼安德特人推向了新的方向，现在已经不得而知。至今，史前史学家仍在就此进行激烈的争论。

　　其实，上述问题只是尼安德特人禀赋大辩论的冰山一角。在很长一段时间内，人们一直认为，迥异于智人的尼安德特人虽然拥有硕大的脑袋，但并不能进行创新，也没有任何艺术才能。然而，近期的发现对这种负面看法提出了质疑。

　　在意大利的一处尼安德特人居住地，人们发现了被拔去了羽毛的鸟的骸骨。这些鸟不是普通的鸟，而是秃鹫和胡兀鹫，它们的肉又硬又难闻。即便不了解尼安德特人的口味偏好，也可以猜想它们不是为了食用鸟肉而是要用鸟羽做饰品。

同样，尼安德特人也使用红赭石，有可能是为了装饰自己的身体或者在岩壁上作画。2018 年，人们在西班牙发现了距今 6.5 万年（比智人抵达欧洲的时间早 2 万年）的岩画，这被认为是尼安德特人的作品，它们不但画了动物和几何符号，还留下了自己的手掌印。

不过，这处遗址的年代测定仍有争议，但另一处遗址的年代测定却是确凿无疑的。2017 年，在法国的布吕尼凯勒（Bruniquel）洞穴里，发现了用石笋建造的环形建筑。经测定，其年代为距今约 17.5 万年，彼时在欧洲大地上生活的人亚族物种只有尼安德特人。为了完成这些功能未知的环形建筑，它们还点燃了木头和骨头取火。

最后，许多的墓葬证明，尼安德特人会保护亡者的尸体。由于它们不像后来的智人那样在掩埋亡者时埋入陪葬品，我们也不清楚它们是否会为亡者组织葬礼。

冰期的幸存者

　　由于某些历史原因——史前史研究始于西欧，大部分尼安德特人遗址都是在西欧发现的，但那里仅占尼安德特人疆域的五分之一，实际上，尼安德特人的活动范围直至西伯利亚边缘。它们曾在欧洲和中亚生活了几十万年，度过了好几次冰期和温暖的间冰期，曾在泰晤士河畔猎杀河马，也曾在西伯利亚追逐长毛犀牛。气候变化有时是非常迅速的剧变，持续不超过一代人的时间。

　　尼安德特人的栖息地时常被严酷的气候弄得支离破碎，人口数量也经历了数次明显的衰减。据估计，整个欧洲范围内的尼安德特人总数不超过 6 000，这减少了不同族群之间的交流，或许还限制了文化演化的可能性。DNA 测序结果显示，在西伯利亚发现的一位女性尼安德特人是近亲交配的产物（父母是同父异母或同母异父的兄妹或姐弟，甚至是舅甥或叔侄），而且近亲结合在它的祖上非常频繁。气候条件和隔绝状态似乎塑造了它们的历史。

尼安德特人的解剖特征或生理特征，究竟是隔离的体现还是适应生活环境的结果呢？人们猜想，粗壮的身材和短小的四肢是它们适应寒冷气候的结果，因为这种身形能够减少热量散失。在它们的 DNA 里，也找到了适应环境的体现（参见第 140 页《史前 DNA》）。在尼安德特人体内，参与黑色素合成的 MRC1 基因拥有一个让其效率降低的突变。这意味着，尼安德特人皮肤和头发的颜色比非洲远祖的更浅。它们生活的地区光照较弱，患皮肤癌的风险较低，但缺乏维生素 D 的风险有所升高。而皮肤黑色素含量较低的话，有助于吸收维生素 D 合成所需的紫外线。

丹尼索瓦人

从今天起，我们可以大声宣布，人类类群比我们想象的更加多种多样、更加人丁兴旺，而且在演化过程中，同样也受到放之四海而皆准的生物规律的约束。

——马塞兰·布勒
（Marcellin Boule）

如上所述，60万年前抵达欧洲的海德堡人似乎是尼安德特人的祖先。根据"骨坑"出土骸骨的DNA分析结果，海德堡人还有另一个后代——丹尼索瓦人！

丹尼索瓦人的发现时间是2010年，发现方式非常独特，因为我们对它们的了解仅限于DNA。它们的名字取自西伯利亚的丹尼索瓦洞穴（Denisova Cave）。为了测定一个尼安德特人的基因组序列，研究人员在丹尼索瓦洞穴里提取了一些骨骼。但是，一块指骨中发现了意料之外的DNA，这个DNA既不属于智人又不属于尼安德特人，但是与尼安德特人的 DNA 比较接近。最终，研究人员得出结论，这个 DNA 属于一个新的物种，但是，除了这块指骨和一颗具有原始特征的牙齿以外，我们对这个物种的形态一无所知。人们将这一物种命名为丹尼索瓦人。在大约 4 万年前，这些丹尼索瓦人来过这个洞穴。

丹尼索瓦人于大约 43 万年前与尼安德特人分化。DNA 显示，丹尼索瓦人的种群数量较为庞大，或许占据了很大一片区域，说不定直至东南亚。此外，丹尼索瓦人的 DNA 里含有尼安德特人和智人的 DNA 里没有的未知基因。这些基因有可能是它们通过与直立人杂交而获得的；直立人在此之前很久就走出非洲，并在亚洲一直生活到比我们想象中更晚的时期。

我们对丹尼索瓦人的外貌一无所知，因为迄今为止尚未发现任何丹尼索瓦人的骨骼化石；我们对丹尼索瓦人的文化也一无所知，因为尚未发现任何与它们有关联的原始工具。一些古人类学家提出，某些神秘的化石应该属于丹尼索瓦人，比如在中国辽宁金牛山发现的一具女性骨骼化石或 1982 年在印度发现的距今至少 24 万年的讷尔默达（Narmada）头盖骨化石（这个化石最初被认为属于晚期直立人或早期智人，随后被归为海德堡人）。不过，这些纯属假说，丹尼索瓦人身上依然迷雾重重。

弗洛里斯的"霍比特人"

2003年，由澳大利亚和印度尼西亚研究人员组成的联合考古队在印度尼西亚的弗洛里斯岛发现了人亚族生物的化石。它们的颅骨有些类似爪哇直立人，不过非常小，脑容量只有380毫升；个头只有1米高，脚却大得出奇。研究人员根据托尔金的小说《魔戒》将它们昵称为"霍比特人"。

这些化石可追溯至距今5万年，后来被命名为弗洛里斯人（*Homo floresiensis*）。尽管身材矮小，但它们并不是南方古猿，况且它们还能制造石质工具。一些古人类学家认为它们是直立人的后代，这些直立人到达亚洲之后由于隔离而演化出了矮小的形态。另一些古人类学家则觉得它们更像智人，是在更早的年代迁移到岛上的。2016年，在弗洛里斯岛上又发现了一块更小的下颌骨，其年代为距今 70 万年，似乎与直立人有亲缘关系。

　　生活在岛屿上的许多动物的身材都会缩小，生物学家将这一现象称为"岛屿侏儒症"。食草动物会向着矮小的方向演化，因为矮小的个头使它们能够轻而易举地在比大陆贫瘠的岛屿上发现食物。弗洛里斯岛上的古象（大象的亲戚）肩高只有 1.8 米，而附近大陆上的古象肩高甚至能达到 4 米。或许，正是这种现象导致了弗洛里斯人身材矮小。

其他人属物种的结局

在 5 万年前，地球上生活着数个人属物种：尼安德特人、丹尼索瓦人、弗洛里斯人及其他幸存的原始人类，当然还有智人。但如今，只剩下了我们智人，其他人属物种都消失不见了。是什么原因导致它们灭绝的？是气候变化，还是智人入侵？我们只能对尼安德特人的灭绝提出几种假说。至于其他几个物种，我们的了解太过零碎。根据我们的 DNA 里留存的痕迹，丹尼索瓦人在智人到达亚洲后就消失了，对于丹尼索瓦人的历史，我们所知仅限于此。

尼安德特人在欧洲生活了几十万年，度过了 4 次冰期和 4 次间冰期，直至智人的到来。尽管偶尔因为严寒和干旱背井离乡，尼安德特人还是很好地适应了环境。然而，尼安德特人的数量太少，而且散布在广阔无垠的领地上，由此导致近亲结合极为常见，这不利于它们适应新的状况，比如其他人属物种的到来。

在大约 4 万年前，或许还要晚一些，尼安德特人灭绝了。具体的灭绝日期尚不可考，因为人们依然无法确定某些遗址的归属。另外，尼安德特人不是同时灭绝的。在西班牙南部（尼安德特人占据的最后一片领地），尼安德特人或许继续存在了几千年，但这里发现的遗址的年代测定结果并未得到所有专家的认可。极有可能，尼安德特人和智人曾在欧洲共同生活了好几千年。

为了解释尼安德特人的灭绝原因，人们提出了各种假说。比如，剧烈的火山喷发（3.9 万年前发生于意大利的火山喷发，火山灰一直飘到了俄罗斯）引发了突如其来的气候变化，最终导致了尼安德特人的灭绝；但是智人早在这次喷发之前就到达了欧洲。或者，智人传播了传染病，而尼安德特人对此没有免疫力；但是，尼安德特人种群散居各地，人口密度非常低，传染病是怎么扩散起来的呢？再或者，尼安德特人是被智人直接屠杀至灭绝的；就我们对自己所属物种的了解，这个假说倒也站得住脚，不过，已经发现的尼安德特人骸骨上鲜有直接暴力留下的痕迹，而且，如果真是智人将尼安德特人赶尽杀绝，尼安德特人又怎么可能继续生存几千年之久呢？

　　尼安德特人和智人处于竞争状态：它们猎杀同样的动物，栖身在同样的岩洞之下。即便二者没有直接冲突，这终归不是长久之计，其中之一必然要出局。不过，尼安德特人有个优势——它们生活在祖祖辈辈一直生活的环境中。当然了，这些也都是猜想。有人提出，智人比尼安德特人更能适应环境，在必要的时候，能够从猎杀大型猎物转为捕杀小动物或捕鱼。可是，人们在尼安德特人身上也发现了这样的饮食习惯。

　　或许，尼安德特人比智人低的生育率导致了竞争的加剧。同样，死亡率的不同进一步扩大了二者之间的差距。人们由此猜想，由于成年尼安德特人的大量死亡，只有极少的幼儿得到了祖父母的照顾，由此导致幼儿的存活率低，年轻人能够学到的生存技能也很有限。这就是所谓的"祖母假说"，不过这一假说缺乏证据的支撑。

　　上文所述的这些要素，每一个单独拿出来都不足以导致尼安德特人灭绝，但每一个都能够弱化本就非常稀少的尼安德特人种群。或许，应将上述各种要素综合起来考虑：严重的人口危机和偶发的种族冲突，增加了尼安德特人在与智人竞争时的劣势，最终导致了尼安德特人的灭绝？

第六章

最初的智人

　　在尼安德特人、丹尼索瓦人和直立人踏遍欧亚大陆的每个角落的时候，人类的演化在非洲仍在继续。根据各种可能性，最初的智人正是诞生于非洲。数不胜数的化石和基因证据，为智人的演化史提供了支撑。然而，在成功使别人信服之前，研究人员遭到了不少的反对，而且，这些反对意见往往并不是科学上的，而是哲学或政治层面上的。

智人的出现

至少 30 万年前，最初的智人似乎出现在了非洲大地上。让-雅克·于布兰（Jean-Jacques Hublin）和阿卜杜勒瓦希德·本-恩赛尔（Abdelouahed ben-Ncer）的考古队 2017 年在摩洛哥的杰贝尔依罗（Jebel Irhoud）挖掘点发现的两个颅骨就可以追溯至这个年代。与众多其他化石一样，这两个颅骨兼具祖先特征和衍生特征。颅骨的牙齿很小，还有下巴和颧骨，同较平的面部一样，都是很现代的特征。牙齿的发育细节也说明他们拥有与我们相近的发育时序。

两个颅骨的脑容量分别是 1 300 毫升和 1 400 毫升（现代人的平均脑容量为 1 350 毫升），但颅骨呈伸长状，这是一个明显的祖先特征。这两个远古智人骨头粗大，眉骨相当粗壮，面部也如海德堡人一样很大。然而，形

态学统计分析的结果将这些细节归为智人颅骨变异性的
范畴，这让他们成了已知最古老的智人。

3D 复原

　　借助 X 射线微断层扫描技术（参见第 63 页《同步加速器
带来的发现》），可以获得物体表面或内部结构的 3D 图像。这
样一来，就能以虚拟的方式摆弄碎片，而无须将其从脉岩中
取出，以免毁坏。此外，我们还能看到隐藏在骨骼内部的结
构，比如内耳小骨。沉积层在化石上施加的压力会导致化石
产生形变；而通过计算，我们就能够对形变进行校正，继而
可以采用 3D 打印技术复制扫描对象。

　　颅骨的数字化还有另一个好处。它能使解剖测量工作变
得更加容易，还能借助统计工具对颅骨进行对比从而得出较

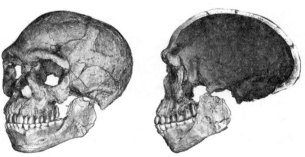

扫描杰贝尔依罗挖掘点发现的化石后完成的早期人类颅骨 3D 复原

115

为客观的结果。我们甚至能够量化个体发育带来的形态变化，并通过儿童颅骨来推测创建成人颅骨的 3D 图像。就像 DNA 测序技术出现时一样，新技术工具势必会带来能够处理更多信息的数码工具。

在这个发现之前，人们将智人的诞生追溯至更晚近的年代。在南非的弗洛里斯巴德（Florisbad）以及埃塞俄比亚的奥莫基比什（Omo Kibish）和赫托（Herto）也曾发现具有类似特征的化石，其年代分别为 26 万年前、19.5 万年前和 16 万年前。这些化石将智人的诞生地定位在东非，而杰贝尔依罗发现的化石似乎否定了这一结论。无论如何，数量稀少的化石不足以在时间和空间上精确定位某个事件，比如新物种的诞生（参见第 53 页《地域偏见》）。

我们可以平行对比尼安德特人和智人的历史。这两个物种都向着脑容量大的方向演化，都发展出了比祖先更加复杂的文化。但是，除去骨骼上的差异外，智人的演化史上究竟发生了什么与众不同的故事呢？

考虑到人亚族演化过程中体重有所增加，人亚族大脑的增大实际开始于约 50 万年前，而且尼安德特人和智人都曾经历这一过程。然而，DNA 的对比显示，尼安德特人和智人在一些重要方面发生了分化，特别是神

> 正是通过孩子，我们才真正成为人。
>
> ——让－雅克·于布兰，2017

经系统的发育和功能。这些基因突变中的一部分，至今仍存在于现在的大多数人身上，这表明，这些突变受到了强烈的正向选择。

人们已经发现的突变里，有一些关系到胎儿的大脑皮层发育，另一些则参与神经元连接形成或与神经冲动传导的基因有关。此外，还有在语言和说话能力的习得过程中非常活跃的 FOXP2 基因。尼安德特人和智人拥有的 FOXP2 基因为同一版本，且与祖先的不同。不过，智人身上出现了调节 FOXP2 基因表达的突变，在语言演化过程中，它或许发挥了某种作用。

胎儿和儿童各个发育阶段延长，是智人演化史上的关键事件。在一些古人类学家看来，这一转变实际上是一种形式的"幼态持续"。所谓的"幼态持续"，指的是生物个体在性成熟后仍然保留幼年特征。这种现象，在许多物种的演化过程中屡见不鲜，但在智人中，实际上并没有真正意义上的"幼态持续"。不过，胎儿的早产和幼年的延长，极大地提高了我们的学习能力，这在我们的演化史上产生了重大的影响。鉴于我们一生都保留着幼年的行为，比如难以满足的好奇心和对游戏的喜爱，说我们是"幼态持续"倒也站得住脚。

既是智人又是现代人！

接下来，非洲的智人一点一点获得了与我们相近的特征：骨骼较轻，颅骨较圆且稍小，面部缩小且更扁，下巴因颌骨和面部变小而显得突出。这些变化不是同步出现的：在面部获得更为现代的形态之后很久，颅骨才具有了现在的样子。

智人诞生的具体细节尚不可考，那能否至少明确智人哪里与祖先不同并确定使其成为新物种的特征呢？根据以往的经验，这并不复杂：只要注意到我们独有的特征在骨骼化石上的出现或消失即可。

不过，事情可没有那么简单！首先，尽管我们是"现代人"，但我们依然保留了一些原始特征，比如凹陷的眼眶使颧骨突显，而这些特征早就出现在南方古猿身上了！与此相反，尼安德特人颧骨较平的脸孔倒是个新的特征（即"衍生特征"），也就是说更"现代"！此外，最初的智人留下来的化石不但少之又少，而且同其他人亚族物种的化石一样，往往兼具原始特征和衍生特征。

这个问题或许看上去无关紧要，但其实牵连甚广。实际上，当人们试图制定原始智人颅骨与现代人颅骨的区别标准时，就有将某些现代人颅骨排除在现代人范畴之外的风险，最终导致人们毫无根据地判定不同种族的现代性。过去种种将人类分门别类的尝试导致了什么后果，我们都很清楚（参见第177页《人类种族存在吗？》）。

其实，并不存在公认的能将智人与其他人属物种区分开来的智人定义。自从 DNA 分析揭示了智人曾与尼安德特人和丹尼索瓦人杂交以来，这个问题变得更加复杂。实际上，一些古人类学家认为，应当扩大对我们所属物种的定义范围，将曾与智人杂交的全部物种涵盖进来。这种做法回归了生物物种的严格定义（物种是"互为亲代子代的或能够彼此交配繁衍后代的生物个体的集合"）。这些古人类学家主张将智人、尼安德特人、丹尼索瓦人归为同一个物种，这个物种下还将包括智人、尼安德特人、丹尼索瓦人的共同祖先海德堡人，甚至直立人。

在动物界，杂交是平常现象，比如，由共同祖先新近分化而来的两个姐妹物种之间往往存在杂交现象。在大多数情况下，杂交后代的生殖能力较低或根本不能生育，由此导致两个物种难以融合或不能融合。不过，杂交可能性的存在，并不妨碍动物学家将物种区分开来，尼安德特人和智人就属于这种情形。

此外，如果真的将我们这一物种的定义扩展至涵盖全部人属生物，那这个壮大的物种将具有比目前的智人或任何其他灵长目物种高得多的变异性。为了区分不同形态的人类，就得创造同等数量的亚种，这可一点儿也没有简化人属的"术语库"！所以，大部分古人类学家都认为，应当将智人这个名称保留给解剖学意义上的现代人。

伊甸园

众多研究人员认为，原始智人和现代人之间存在不连续性。根据他们的观点，人类演化史上应当有过"瓶颈期"，也就是导致物种多样性显著降低并改变物种演化路径的人口数量锐减期。

这些研究人员的主要依据是，最古老的智人骸骨彼此之间差异非常大，而且与现今的人类相比更加多样化。同样，人类历史悠久，但人类的基因多样性却没有预期的那么高，人口数量可能是造成这种情况的原因之一。在大约20万年前至15万年前，或许是巨型火山喷发而引发的极端天气，导致智人陷入了繁衍的瓶颈期。智人的数量或许从接近1万锐减至寥寥数百。有些人甚至精确提出，我们的祖先随后逃到了非洲的最南端，那里当时属于地中海气候，环境条件更加宜居。

也正是在南非，我们发现了智人在大约7.5万年前生活的遗址，这些遗址颠覆了我们对智人行为和能力的看法。滨海的布隆波斯（Blombos）洞穴里出土了为数众多的物品，类似物品通常被视为年代更近的人属物种所特有。当时生活在这个地区的智人善于利用海洋资源。他们用骨头或石头制作的尖锥捕杀登上海岸的海狮；他们采集贝类并在贝壳上钻孔，很有可能是为了制作项链；他们还在石头上刻画几何符号，这些符号也是人类历史上最古老的象征或美学作品之一。

另一个证据来自现代人的线粒体DNA（mtDNA）。在对比了全球各地采集的线粒体DNA后，人们发现，现代人的线粒体DNA来自生活在大约20万年前（后重新测定为距今17万年至10万年之间）的共同祖先。换句话说，我们或许能够追溯到全体人类的祖先了！至少，当上述研究结果在1987年公布于世时人们是这样宣称的。很快，这个共同祖先就被冠以"线粒体夏娃"的绰号。随后，对Y染色体DNA的分析研究让人们找到了生活于大约14万年前的"亚当"。

实际上，即便线粒体夏娃将她的线粒体遗传给了全体现代人，她也并非所有人类的祖先，也不是第一个女性智人。与线粒体夏娃同时代的其他女性也属于我们的直系尊亲，只不过她们的线粒体在她们通过儿子而非女儿参与种族繁衍的过程中被清除了。线粒体夏娃的唯一特殊性，在于她是我们现在可以通过母系血统追溯到的唯一女性。尽管如此，线粒体夏娃还是证明了人类非洲起源的唯一性，在非洲也观察到了最为多样化的线粒体。Y 染色体亚当也是一样，他确定了人类的父系血统，当然了，这一血统也来源于非洲。

线粒体 DNA

线粒体 DNA 指线粒体内含有的 DNA。线粒体存在于大部分细胞内，是细胞内部化学反应所需能量的制造过程所不可或缺的细胞器。线粒体 DNA 的特殊性在于，它只能通过女性一代一代传递下去。实际上，在受精时，精子的线粒体会消失，只有来自母亲的线粒体会遗传给后代。因此，通过分析线粒体 DNA 就能追溯物种的母系血统。

对于人类，同样可以跟踪 Y 染色体携带的 DNA，因为 Y 染色体仅能通过父系遗传。

在实际研究中，分析的对象是男性单倍群（haplogroup）或女性单倍群，即 Y 染色体或线粒体含有的 DNA 的特定片段，人们会对现代人或化石的单倍群的 DNA 序列进行对比。

这便是所谓的"走出非洲"模型或"伊甸园"模

型，得出这些研究成果的研究人员和报道它们的记者显然受到了"伊甸园"这一《圣经》用词的启示。《新闻周刊》（*Newsweek*）杂志曾经以《追寻亚当和夏娃》为标题出刊，并配有一对非洲黑人夫妇的插图，这幅插图可把有些读者给惹恼了！

不过，即便这种方式能够回溯人类的历史并确定人类的起源，也未必就能确定智人曾经有过人口危机。其实，所谓的瓶颈期可能是文化层面上的，比如说，某些智人是否比其他智人更倾向于过游民生活（并在接下来的人类历史中发挥极为重要的作用），或在种群繁衍上取得了更大的成功。

起源问题

现存人类种族之间在外表上的差异曾使史前史学家提出人类多重起源假说，即每个"人种"——黑种人、白种人、黄种人——分别是一种猿的后代（参见第177页《人类种族存在吗?》）。不过，这种观点与现代进化理论并不相符。其实，随着时间的推移，来自同一祖先物种的多个姐妹物种会变得越来越不一样，以至于最终不能彼此交配繁衍后代。尽管类似的生活方式偶尔会使不同物种产生类似的外表或行为，但这种趋同现象并不能让它们彼此融合或形成单一物种。如果存在多种猿类且每种猿类分别演化形成了一个拥有巨大脑袋的双足行走的亚种，那么这些亚种之间的差异会比父代物种之间的差异更大。这些亚种也不会彼此融合为新的单一物种，因为经过数百万年的分化后，这种杂交已经不具有基因上的可能性。所以，黑猩猩和猩猩不能互相杂交，它们的后代也不能。

到了 20 世纪 60 年代，人类"多重起源"观点卷土重来，不过这次的形式不像之前那么极端了。有些人认为，原始人在一两百万年前出现在非洲，随后逐渐散布到整个欧亚大陆，并在各地形成了当今世上的"各大人种"。他们以"枝形烛台"模型来解释这种假说。源自

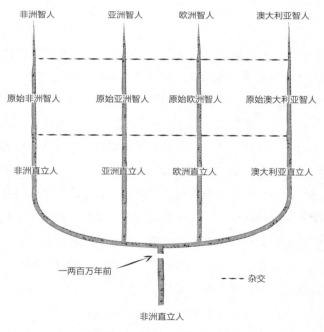

智人多地起源假说——"枝形烛台"模型

非洲的现代人散布到世界各地以后，通过多次杂交一点一点地将当地的原始人变成了现代人。

有些中国古人类学家持这种观点，并得到了一些美国和法国古人类学家的支持。这些中国古人类学家一心想要证明，亚洲人自古以来便扎根于亚洲，并没有接受来自非洲的现代人基因或其他有限的外来基因。所以，1978 年于中国陕西发现的距今 26 万年的大荔人头骨被他们描述为"沿着亚洲连续的演化世系"从原始亚洲直立人衍生而来的原始直立人。他们的依据是颅骨的一些解剖特征，但是这个假说里也含有其他考量。

另一些古人类学家则支持与此相反的人类"单一起源"假说。他们认为，人类是在更晚近的时代（距今不到 10 万年）走出了非洲，而且仅仅经历了短期的"隔离"。这就是所谓的"走出非洲"模型，现代人和化石的 DNA 分析结果大都支持这个模型。由于欧亚大陆上的原始人类种群都被走出非洲的现代人所替代，所以这种模型也被称为"替代假说"。

枝形烛台模型偶尔也会再次被推到台前。2006 年发现的属于印度直立人的讷尔默达头盖骨化石，就曾被称为"印度现代人的可能祖先"。

同样，研究者针对最近在印度马索尔出土的年代非常久远的工具提出假说，认为它们由某种亚洲猿类的后

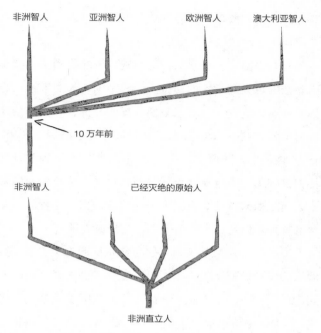

智人单一起源假说 —— "走出非洲"模型

代制造。在生物学层面上，很难想象人属居然出现在数百万年来与人亚族生物分隔两地的另一科灵长动物中。

在人们发现了晚期智人（现代智人）曾经与走出非洲的第一批原始人的后代杂交后，单一起源观点也稍稍恢复了一点生命力。但是，即便能够解释某些解剖学特征或遗传学特征，这些杂交史曾发挥的作用似乎非常有限。来自其他物种的大多数基因都经过了严苛的筛选。

第七章

征服地球

在大约 10 万年前，智人"在解剖学层面上已经具有现代特征"，也就是说，他们的骨骼在各个方面上都与现代人的骨骼相似。正是在这个时期，智人走出非洲。这一次，在征服全球之前，他们不会停下自己的脚步！在这一过程中，智人将遇到另外一些人属物种，它们在智人之前便生存在地球上，并曾按它们自己的方式演化。

从非洲到美洲

　　紧随着不计其数的其他人属物种的脚步，智人也扩大了自己的狩猎范围并走出了非洲。迄今发现的最古老的智人遗址中，有以色列的斯虎尔（Skhul）洞穴和卡夫泽（Qafzeh）洞穴，其年代为大约 12 万年前至 8 万年前。智人曾在这两个洞穴里居住并埋葬死去的同伴。洞穴里发现了成人和儿童的骸骨，还有鹿角。一些骸骨曾用赭石上色，说明下葬时举行了葬礼。洞穴里出土的钻孔贝壳则被视为最古老的装饰品之一。

　　智人或许过去曾路过这里，或者来到这里的时间比我们想象的更早。2018 年在以色列米斯利亚（Misliya）洞穴中发现的距今约 18.5 万年的半块颌骨似乎恰恰说明了这一点。另外，基因方面的数据也令人猜想，智人曾在距今 20 万年至 10 万年间数次离开非洲。然后，在大约 7 万年至 6 万年前，更庞大或者说更成功的一拨移民离开非洲并远渡重洋，在人类历史上首次抵达了澳大利亚和美洲的海岸。

一旦到了中东，就没有什么能够阻挡智人继续向东迁移的脚步了（尽管他们只留下了寥寥无几的迁移痕迹）。在历史上，他们必然曾经多次走过这条路。除此以外，还存在其他可能的迁移路线，比如取道直布罗陀，不过这条路线似乎在较晚的时候才被启用。另一些智人走的是"南路"，经由红海最窄之处的曼德海峡前往阿拉伯半岛，接下来，在横渡波斯湾以后，就有可能沿着海岸抵达印度和东南亚。当时的海平面比现在低，印度尼西亚的大部分地区都可以经陆路到达。

为什么人类再次踏上探索世界的征途呢？有些史前史学家提出假说，认为智人的这次迁移与印度尼西亚多巴火山的喷发有关。他们猜想，在大约 7.5 万年前，多巴火山的灾难性喷发导致了全球气温显著降低并且持续了很长时间。不过，无论是在火山喷发的年代上还是在火山喷发对环境和智人演化的实际影响上，这个假说的争议都非常大。

每次迁移事件，既不是单个猎人的个人行为，也不是整个种族的全员外逃。踏上迁徙之路的是规模不大的群体，每次只有几十个人，通常认为只有 25 人，差不多是 6 户人家，这也是以狩猎和采集为生的族群的通常规模。大多数踏上迁徙之路并走出非洲的族群无疑已经灭绝了。在中国发现的一些遗址，是智人早就到来的见证，不过，这些智人随后就灭绝了，没有留下子孙后代。

但是，另一些族群却繁衍壮大，成了今天人类的祖先，因为我们每个人或多或少都遗传了他们的某些基因。特别是，在我们的线粒体 DNA 内就能找到它们的踪迹（参见第 123 页《线粒体 DNA》）。为此，人们定位了单倍群（即特定的 DNA 片段）上基因突变的准确位置。这些突变数量繁多，因区域而异。通过对比突变的序列，就能根据智人种群随着时间推移散居世界各地的情况来追溯突变的历史。研究发现，L3 线粒体单倍群是由一个更加古老的单倍群发生突变后于 8.4 万年前出现在非洲的。人们在非洲发现了多种多样的单倍群，其中就有 L3 单倍群。世界其他地方的 L3 单倍群都是由非洲的 L3 单倍群衍生而来的，最初的变体出现在大约 6.3 万年前。换言之，现在非洲以外的所有人类都是一个携带 L3 单倍群的非洲智人种群的后代。

2015 年，在湖南道县遗址出土了智人的牙齿，人们由此猜想智人或在大约 10 万年前至 8 万年前就已经来到了中国，尽管这个时间仍有争议。不过，一些智人确于大约 6.5 万年前至 5 万年前抵达了澳大利亚，他们想必是划着用树干挖成的独木舟漂洋过海而来的。或许，是雷暴引燃灌木丛产生的烟雾吸引了智人远渡重洋来到这块新的土地上？

再往北，来到了东北亚的智人也在大约 1.5 万年前趁着海平面降低徒步穿越了白令海峡。他们在抵达了彼时正处于冰川期的美洲后是怎么在恶劣的环境中继续探索之路的，我们不得而知。或许他们取道了两块大陆冰川之间的一条走廊？又或者，他们沿着海岸航行直到发现了较为温暖的海岸？无论如何，他们在南方发现了广阔无垠的处女地和数不胜数的猎物：有乳齿象（美洲的一种猛犸象），还有大群的野牛。这些智人就是后来的古印第安人，能制造燧石工具或精细切割黑曜石，他们的文化以美国新墨西哥州克洛维斯（Clovis）村的名字命名为克洛维斯文化。

他们中的一些人继续探索，直到抵达巴塔哥尼亚（位于今天的阿根廷）和火地岛（现在的南美大陆最南端的群岛）。有些史前史学家提出，他们迁移并定居这里的年代更早，应在大约 3 万年前。另外一些人甚至认为人类抵达美洲的时间还要再早，依据是在大约 13 万年前被石块砸开的乳齿象骨骸。

在东扩良久以后，智人于距今大约 4.5 万年的时候开始西征。彼时的欧洲正处于最后一个冰期，恶劣的气候或许减慢了智人的脚步，相比之下，亚洲南部的环境更加接近他们所熟悉的生活环境。一些研究人员认为，当时生活在欧洲的尼安德特人成了阻挠智人西征的另一个"障碍"，好在尼安德特人数量稀少，智人能够轻而易举地跨越这个"障碍"。

迁徙造就智人

如今，在我们身上的每个细胞和每个分子里，都能找到演化的痕迹。

——弗朗索瓦·雅各布，1981

自大约 10 万年前起，尼安德特人也曾在近东地区活动，有时候甚至与智人生活在相同的地点。尼安德特人和智人制造相差无几的工具，也都有埋葬逝者的习惯。很有可能，这两个物种的男男女女就是在这个地区邂逅彼此并生儿育女的。其实，尼安德特人和现代人的基因组对比显示，不同人属物种之间曾经杂交繁殖，而这导致了物种之间的基因交换（参见第 140 页《史前 DNA》）。

今天，非洲以外的智人携带着 1% 至 4% 的尼安德特基因。由于每个人携带的尼安德特基因不完全相同，遗传学家斯万特·帕博（Svante Pääbo）估计，尼安德特人基因组的 20% 至 40% 仍在我们体内延续。反过来，尼安德特人体内也有来自智人的基因。不过，尼安德特基因在智人基因组中比例很低的事实说明，尼安德特人和智人并未发生普遍的融合。或许，二者的杂交后代繁殖力低下，阻止了"外来"基因在物种中的扩散。

现代非洲人的基因组里没有这些尼安德特 DNA，这就说明两个物种的种间杂交发生在智人走出非洲、移居欧亚大陆和美洲之后。留在非洲的智人未曾遇到尼安德特人，即便后来有些尼安德特基因通过从欧洲向非洲回迁的智人传到了北非。

进入智人体内的新基因随后发生了突变并改变了序列，进而变得与尼安德特人的初始基因有所不同。通过研究突变的数量，就能够确定杂交发生的年代。研究结果表明，杂交可能发生在大约 10 万年前，那时两者在近东地区比邻而居；抑或是在大约 6 万年前至 5 万年前，原先留在非洲的智人最终走出非洲之时。因此，根据 4.5 万年前生活于西伯利亚的一个智人的 DNA 研究结果，他的先祖曾在他出生前 1.3 万年至 0.7 万年就已经经历过杂交。罗马尼亚的欧亚瑟洞（Pestera cu Oase，意为"骨头洞"）里出土了生活于约 4 万年前的智人骸骨（这是欧洲已知最古老的智人），他体内的尼安德特 DNA 占比是现代人的 3 倍；从他往前追溯就能发现，他 4 至 6 代前的祖先还是尼安德特人！不过，这个智人似乎没有留下后代，因为现代人的基因组里已经没有了他的遗传特征。

　　人属物种的种间杂交繁殖不止于此。丹尼索瓦人也曾将它们的一些基因传给了智人，这些智人的后代后来移居到了澳大利亚、巴布亚新几内亚和菲律宾。在亚洲大陆居民和美洲原住民的体内也发现了丹尼索瓦人的基因，不过数量很少。更加惊人的是，遗传学家在丹尼索瓦人的基因组里发现了未知 DNA 的遗存，据猜测，这些未知 DNA 来自更加古老的人属物种，可能是亚洲直立人。同样，一些非洲民族的 DNA 里携带着明显源于其他依然不为人知的人属物种的序列，这些人属物种应

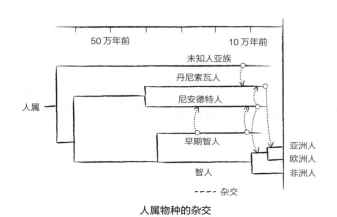

人属物种的杂交

当是在距今 70 万年时与海德堡人的先祖分道扬镳，最终在距今 3.5 万年时灭绝。

上述杂交对智人可能是有利的，比如杂交使智人能够更快地适应高纬度地区更寒冷的环境。智人没有等待自然选择去利用偶尔发生的有利突变，而是直接利用了其他物种中经过数十万年的演化逐渐获得了必要适应性特征的既有基因。这种有用基因（或其等位基因）在物种间转移的现象，被称为适应性基因渗入。如果突变产生的新等位基因在种群中频繁出现，我们就视之为正突变。

我们的祖先利用了其他物种的这种"非自愿援助"，特别是作用于皮肤、免疫系统和消化系统等方面的基因。比如，在杀灭病毒过程中发挥作用的 stat2 基因就是尼安德特人送给我们祖先的。直至今日，在欧亚大陆，10% 的人仍携带这个基因，而在美拉尼西亚这一比例还要更高。尼安德特基因的引入，使我们的祖先能更好地抵御他们在非洲没有遇到过的不同微生物引发的感染。Toll 样受体（Toll-like receptors，TLR）属于免疫系统蛋白质，至今仍奋战在抵抗细菌和寄生虫入侵的最前线；而在为 Toll 样受体编码的基因中，有两个源自尼安德特人，一个与丹尼索瓦人的基因类似。

中国藏族人似乎从丹尼索瓦人那里获得了有助于适

应高原生活的基因。在寒冷的环境中，棕色脂肪组织能够产生热量。居于中国南部的纳西族以及生活在西伯利亚东北部的雅库特人和鄂温人都拥有在棕色脂肪组织的发育中发挥作用的 TBX15 基因，而这个基因也来自或许非常适应冰川气候的丹尼索瓦人。

我们 DNA 的一些区域受到尼安德特基因渗入（即基因转移）的影响甚小，要么是因为尼安德特基因提高了不育的风险，要么是因为尼安德特基因的存在会由于形态上或社会上的原因导致负向选择。X 染色体携带着与男性生育能力有关的重要基因，它含有的尼安德特 DNA 微乎其微，似乎种间杂交产生的变化都已被自然选择所抹去。基因的携带者生殖能力较低的话，就不能将自己的性状遗传下去 —— 自然选择往往就是这么简单！同样的，对语言能力至关重要的 FOXP2 基因区域里也没有来自尼安德特人的基因。可以想见，携带这种尼安德特式突变的智人将失去舌灿莲花的能力，也就很难找到另一半了（不过我们没有任何证据）。

> 我们每个人身上都带着尼安德特人的痕迹。
>
> ——斯万特·帕博

另外，并非所有来自尼安德特人的基因都大有用处或不再有用。SLC16A11 基因来自尼安德特人，它的等位基因与罹患糖尿病风险的升高有关，在美洲原住民身上非常常见，在亚洲人身上也有发现。不过，这个基因在尼安德特人身上具有什么功效，我们就不得而知了。

史前 DNA

1997 年，遗传学家斯万特·帕博与同事完成了人类历史上首次尼安德特人 DNA 片段测序（参见第 10 页《DNA、基因、突变》）。自此以后，对古代 DNA 的分离与提纯技术取得了长足的进步。2010 年，斯万特·帕博与同事分析了 3 个生活于距今约 4 万年的尼安德特人的基因组，证明了现代人的细胞内存在尼安德特人的 DNA。2016 年，DNA 分析确认了西马·德·洛斯·乌埃索斯骸骨坑内发现的可追溯至距今 43 万年的骸骨实为前尼安德特人，并确定了它们的起源。

在人类中，据估算每个核苷酸每年的基因突变率约为 0.5×10^{-9}。根据两个基因组之间的差异，可以计算出二者开始分化的时间。显而易见，估算结果只是近似值，不过可以借助化石的年代加以校准。

对古代 DNA 进行分析还能获得人口方面（通过每个基因的等位基因的多样性）和社会方面（比如给定社会里的近亲结合程度）的信息。

旧石器时代晚期的文化

在距今大约 4.5 万年，晚期智人来到了欧洲。在同一时期，工具的制造发生了重大变化，从尼安德特人（及较古老的智人）的莫斯特文化过渡到了奥瑞纳文化（Aurignacian）。对史前史学家而言，人类文明从旧石器时代中期过渡到了旧石器时代晚期。

智人发明了新的切削技术，可以将石核加工成大量细长的船底形石叶或小石叶。他们制造了多种多样的工具，比如刮削器、端刮器、石锥、雕刻器等等。此外，智人还用硬质动物材料（如骨头或象牙）制作标枪枪尖用于狩猎，史前史学家由此观察到了人类与其他生物的决裂；这些学者认为，尼安德特人不使用硬质动物材料制造武器，因为它们不愿使用以动物身体材料制成的武器猎杀猎物。

这些新欧洲人依然以狩猎采集为生。根据在目前仍以打猎和采集为生的极少数部落（如卡拉哈里沙漠的桑人或亚马孙流域的美洲原住民）中观察到的结果，可以猜想那时候只有男人猎杀大型动物。最为常见的猎物是驯鹿，不过人们也发现了大量其他动物，如马、原牛、盘羊、犀牛、猛犸象等，各遗址发现的动物都有所不同。女人则捕捉小动物（如蜗牛、蜥蜴、鸟等），采集鸟蛋，捡拾贝壳。此外，她们还会采集各种植物、块茎、可食用块根、野果、蘑菇等。尽管打猎提供了大量的肉类和脂肪，但女人的采集收获往往在智人的食物中占据较大的比例。

各个地区和时期的工具、武器和日用品有所不同。根据史前史学家的划分，欧洲先后出现了以下文化。

奥瑞纳文化（距今 4.5 万年至 2.6 万年）：将燧石切

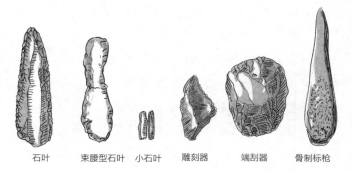

| 石叶 | 束腰型石叶 | 小石叶 | 雕刻器 | 端刮器 | 骨制标枪 |

属于奥瑞纳文化的工具

牙雕小马（德国福格尔赫德）

割成狭长石叶的技术已经普及，用木头或鹿角制成的"柔软"手锤也被普遍使用。与石质手锤相比，木质手锤或鹿角手锤精度更高，智人可以用它们敲打燧石块制造石片。人们还发现了用牙齿或贝壳制成的首饰。人类历史上最古老的小雕像也诞生于这个时期，比如德国福格尔赫德出土的动物牙雕或者霍伦斯坦因－施塔德尔洞穴发现的狮子人牙雕。或许，狗的驯化也可以追溯到这个时期。

格拉维特文化（Gravettian，距今 2.7 万年至 1.9 万年）：工具以带柄长直石叶为典型代表。在遗址里发现了被称为"维纳斯"的女性小雕像，雕像往往造型非常夸张，可能是生殖力的象征，比如在奥地利发现的维伦多夫的维纳斯和在法国朗德省发现的布拉桑普伊（Brassempouy）

维伦多夫的维纳斯（奥地利，
距今 2.5 万年）

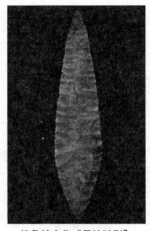

梭鲁特文化"月桂叶形"
燧石叶

妇人小雕像。

梭鲁特文化（Solutrian，距今 2 万年至 1.6 万年）：在这个时期，生活于法国和西班牙的智人制造细长的"月桂叶形"燧石叶，并采用压制法而非锤击法加以精修。最大的石叶可能用作装饰或象征威望。他们还发明了投掷器，能以较高的准头将标枪投射至很远的距离。在这个时期的遗址里，还发现了欧洲历史上最早的骨针。

马格德林文化（Magdalenian，距今 1.7 万年至 1 万年）：马格德林文化分布甚广，且有多个变体，从葡萄牙至波兰皆有发现。这个时期的工具愈加精巧且多样，出现了用作箭头的三角尖形器。当时的智人能用骨头或象牙制作鱼叉，还能制作鱼钩。他们还用驯鹿角制成"穿孔棍"，或许是用来将受热弯曲的木制标枪矫直，抑或是用来拉紧帐篷上的绳索。他们还制作了乐器，比如用鸟骨做的穿孔骨笛。

某些属于这个时期的遗址反映了当时人类的生活面

貌，不过我们却很难将这些人与史前时期挂钩。俄罗斯的松基尔（Sungir）遗址可追溯至距今 3.2 万年。在这个遗址里，埋葬着一个成年男人和两个青少年的骸骨。下葬的时候，他们身穿兽皮衣服，上缀数以千计由猛犸象牙雕成的珠子，每颗珠子的制作都得花上至少一个小时的工夫；腰缠饰以狐狸犬齿的腰带；还戴着象牙手镯、贝壳项链和垂饰。墓穴中还摆放了象牙标枪、武器和小雕像作为陪葬品。这些惊人的财富说明了墓穴中的三人生前拥有很高的社会地位，也说明了他们生活在一个组织严密、阶级分明的社会里。DNA 分析结果显示，这三个人有亲缘关系，但并不是直系亲属。

克罗马农

在当代人的想象里，"克罗马农"几乎是"史前人类"的同义词。实际上，克罗马农是法国多尔多涅省韦泽尔山谷中的一个天然洞穴的名字。1868 年修建公路时，人们在洞穴中进行挖掘，发现了 5 个人的骸骨、石质工具和动物骨骼，之后，史前史学家路易·拉尔泰（Louis Lartet）对其进行了描述。

这处遗址是个墓葬，共埋了 5 个智人的骸骨，其中 3 个男人、1 个女人、1 个儿童，年代为大约 2.8 万年前。3 个男人中，一个身高接近 1.8 米，肌肉极为发达。由于他的牙齿已经全部掉光，人们给他取了个绰号叫"老头"，不过他死亡的时候可能只有 50 来岁。一同出土的工具则属于奥瑞纳文化。

由于这些化石名气甚高，"克罗马农"这个名字便在很长时间里被用来指称生活于距今 4.5 万年至 1 万年间的旧石器时代晚期的人类。如今，人们多使用"智人"或"解剖学意义上的现代人"这两个名称。

与之前的时期不同，旧石器时代晚期出现了大量描绘动物的作品，或涂或刻，以各种材料为载体。男人（或女人）雕刻木头、骨头和象牙，并在岩壁上涂画壮观的壁画。尽管尼安德特人似乎也曾作画，但岩画创作在旧石器时代晚期变得更加频繁。

然而，绘画风格并无显著发展。肖维（Chauvet）岩洞的壁画创作于大约 3.5 万年至 3 万年前，远早于创作于距今 1.7 万年的拉斯科（Lascaux）洞穴岩画，但前者所表现出来的智力水平和艺术才能与后者完全相同。尽管欧洲最先发现并研究了岩画，但岩画艺术并非欧洲独有。在印度尼西亚的苏拉威西岛多个洞穴的岩壁上，发现了距今 4 万年时画上去的手印和动物。有可能，生活于当时人类疆域两端附近（从西欧到澳大利亚）的智人独立完成了各自的第一批艺术作品。不过，也有可能，岩画创作只是随着智人移居世界各地时传播开来的一项古老传统。

澳大利亚原住民素有在峭壁上和不深的洞穴里绘画的传统，而且将这个传统延续至今。他们会定期翻新古老的作品，所以无法准确确定作品的初创时期，不过，画上沉积的赭石和黑赤铁矿石可追溯至距今5万年至4万年。也许有一天，我们会发现澳大利亚第一批居民的画作呢。

在他们的作品里，有些描绘的是关于人类起源的原住民神话，有些讲述的是他们群体生活的某些场景。各

肖维岩洞石壁上的原牛、马和犀牛（法国，距今3.3万年）

地的岩画或许具有不同的含义。欧洲的岩画以动物为主角，并配有各种几何符号、手印和女阴，人的形象少得可怜。某些岩画似乎与狩猎有关（比如拉斯科洞穴岩壁上受伤的野牛），但狩猎并不是非常重要的创作主题。岩画上的动物中有狮子和鬣狗，不过它们并非用来食用，而作为主要猎物的驯鹿，出现的数量却少得可怜。

一些洞穴的污泥中留下了脚印，比如法国的佩什梅尔（Pech Merle）洞穴或蒂克·德·奥杜贝尔（Tuc d'Audoubert）洞穴，脚印的大小说明曾有年轻人进来过，可能是为了进行启蒙教育。尽管我们提到的往往都是男性"艺术家"，但是，根据岩壁上的手印（以嘴吹赭石的方法绘制），女性似乎也参与了岩画的创作。

新人类?

旧石器时代晚期的艺术作品突出表现了智人生活的巨大变化:他们探索的疆域远超前辈曾经抵达的边界。与此同时,由于新技术或新文化习俗的出现,日常用品的制作也迅速发生了改变。而在过去的几十万年里,制作技术未曾有过大的变动。

这些翻天覆地的变化是智人过往历史的简单延续吗?还是说,智人的演化经历了一次质的飞跃,否则该怎样解释这种突飞猛进呢?人们猜想,在大约5万年前至4万年前,智人的创造能力和语言能力由于脑组织结构的改变而提高,进而引发了一场迅速席卷全球的"人类革命"。

然而,智人突然之间取代尼安德特人,成了在欧洲发生的主要变化。如果摒弃传统史前史学的欧洲中心论，同时以同样的重视程度审视世界的其他角落，就会发现亚洲和非洲所经历的是渐进式的过渡。在过去，一些信号被视为从尼安德特人的旧石器时代中期向智人的旧石器时代晚期过渡的标志；而近些年来，不计其数的考古发现否认了它们与此过渡进程的相关性。在奥瑞纳文化诞生前，生活在非洲的智人就已经在制造骨质尖状器了，还能用针缝制衣物，佩戴项链或其他饰品，以及在洞穴岩壁上作画（参见第 122 页提及布隆波斯洞穴的段落）。

上述两种模型并非截然不同。智人的很多新行为，其实在过去就已出现，只是形式没有那么丰富罢了。显然，在深入地下洞穴绘制无与伦比的岩画前，肖维岩洞里的创作者曾花费数年光阴在洞外学习绘画技术、改进绘画姿势，但是他们的学习过程并没能保留下来。同样，虽然他们的前人也没有留下任何遗迹，但他们的行为或许只是在延续一项非常古老的传统。

晚期智人

我们偶尔会用 *Homo sapiens sapiens*（即"晚期智人"）这个称呼，不过，重复两遍 *sapiens*（本义为"聪明的"），不但累赘，更显自负，那为什么会起这么个名称呢？在原则上，拉丁文三名法用于物种的亚种；所谓的亚种，指与同一物种的其他种群存在地理隔离且表现出不同特征的种群。人们假定（或者已经证实），被称为亚种的种群可与同一物种的其他种群互相交配并繁殖可育后代。"亚种"的说法有时很实用，尽管"种"的概念本身已然很复杂且有争议。

在古生物学上，往往很难赋予化石物种精确的种名，亚种的定义也就没有任何意义，因为无法证实已经灭绝的动物是否能够互相交配并繁殖可育后代。不过，在考察物种时，不但要从空间的维度考虑，还要从时间的维度考虑；亚种的概念，不但有助于凸显化石之间的相近性，还有助于设想它们之间存在直接亲代关系。不过，这么一来，就要考虑不断变化的物种定义的问题。而在此基础上，还要考虑亲代关系的问题；但是，由于通常情况下根本无法建立亲代关系，所以演化分类时不将其纳入考虑。

史前史学家引入智人这个名称，是为了与尼安德特人做区分；那时的学界还将二者视为同一物种。当时，尼安德特人被称为尼安德特智人，而将尼安德特人变成智人的近亲，也算是为尼安德特人"正名"。今天看来，尼安德特人和智人之间互相交配并繁殖可育后代的能力似乎非常有限，仍将二者归为同一物种已成无稽之谈。所以，我们将二者加以区分。

不过，一些古人类学家意欲将智人分为早期智人和晚期智人（现代智人）两个亚种。所以，埃塞俄比亚赫托发现的可追溯至距今 16 万年的颅骨被命名为长者智人（*Homo sapiens idaltu*），这个名称说明他与解剖学意义上的晚期智人相近但有所区别。长者智人被视为罗德西亚人和智人的过渡种。长者智人，尽管字面意思似乎已经非常明确，但其定义并不明确：长者智人在何时变成晚期智人？判断标准又是什么？

如果长者智人向晚期智人的转变非常迅速，比如经历了生物学和文化两个方面的质的飞跃，那或许能够确定转变发生的年代和方式。

史前时代的结束

随着最近一次大冰期的结束，气候再次改变了人类的演化历程。新的文明，也就是我们现今的文明，取代了旧石器文明。正是在这一时期，人类开始改变环境：森林变成了农田，奶牛替代了原牛。在大约 1 万年前，当最初的牧民开始建造最初的村落时，我们生活的这个世界诞生了。

中石器时代

　　大约 1.5 万年前，全球气候开始变暖。尽管有过最近一次突然袭来的大冰期，全球变暖仍在 1.2 万年前变成常态（我们现在仍处于温暖的间冰期）。几百年间，地球平均气温升高了 8 摄氏度，大气也变得更加湿润。撒哈拉沙漠成了稀树草原，欧洲则森林遍布。巨大的冰盖融化产生的水涌入海洋，导致海平面上升了 120 米。

　　在中石器时代，以打猎和采集为生的智人适应了与其生活在旧石器时代晚期的祖先大相迥异的生活条件。较为温暖的气候深刻地改变了地球的面貌。冻原和荒原消失不见，松树林和橡树林先后取而代之。一些动物，比如原牛和马，适应了新的生活环境；另一些动物则消失了。驯鹿迁往北边，猛犸象从此灭绝，取而代之的是鹿、野猪和野兔。比起之前的冰期，野生动物更加丰富多样，这使我们的祖先得以长时间定居在同一个地方。

　　对于中石器时代猎人的生活方式，我们知之甚少，因为当时的环境条件不利于遗址的保存。不过，我们还是发现了重大的文化变迁。当时的智人能将石头加工成主要用作箭尖的"小石叶"。由于在森林里弓箭比投掷器更加实用，所以弓箭的使用相当普遍。在法国，岩画艺术似乎走向了倒退；在西班牙，却诞生了新的岩画风格，作者非常乐于在作品中表现人的形象。

　　在海边，贝类采集几乎具备工业规模，堆积在海岸上的贝壳就像一座座沙丘。他们还用编织的渔网或捕鱼篓捕鱼，建造独木舟在江河湖海上航行。也是这个时期，人类首次定居在科西嘉和克里特等地中海岛屿。

西班牙东部的岩画作品（中石器时代）

大型动物的灭绝

在冰期结束时，大量物种灭绝，尤其是那些被归为大型动物的物种，即体重超过 45 千克的动物。由于体形较大，它们在考古遗址中的消失是显而易见的。这次灭绝是全球现象，从欧亚大陆的猛犸象，到南美洲的大地懒，还有澳大利亚的袋狮，都未能幸免。

几十年来，两个灭绝假说一直针锋相对，那就是气候变化假说和人类活动假说。前者认为，气候变暖改变了植被状况。然而，食草动物往往比较专一，吃草的猛犸象不能改为吃树叶。驯鹿等物种已经北迁，以寻找可以接受的生存环境，但对于猛犸象和长毛犀牛来说，这是不可能的，因为气候变暖已经导致适合它们生存的寒冷荒原消失殆尽。

然而，上面这些并不足以解释全部的物种灭绝事件和灭绝速度。对于人类活动假说而言，单单看到人类到来和某个物种消失之间的模糊巧合是远远不够的，还要证明人类的的确确猎杀了这个物种。除此以外，还需要确定人类到来和物种消失的准确年代。如果物种灭绝在人类到来之前，那人类就与物种的灭绝没有任何干系。如果物种灭绝在人类到来之后，那人类在物种灭绝中负有责任的可能性就会增加，但这未必就是确凿无疑的事实。

体形大的物种往往繁殖率较低，而对繁殖率较低的动物而言，哪怕很低的猎杀压力也足以导致它们灭绝，牛顿巨鸟就是个很好的例证。牛顿巨鸟是生活在澳大利亚的一种不会飞的鸟，体重超过 200 千克。2015 年，在 200 多个距今 5.4 万年至 4.3 万年的遗址上，发现了具有炭化痕迹的牛顿巨鸟的蛋壳。然而，要在蛋壳上留下类似的炭化痕迹需要很高的温度。因此，有些人认为，这些痕迹排除了仅仅是灌木丛起火这一种可能性。人类收集鸟蛋（或许还猎杀成鸟），似乎成了导致牛顿巨鸟灭绝的原因。另外，澳大利亚还生活着另一种名叫鹤鹬的善于奔跑的走禽。虽然人类也食用鹤鹬的蛋，但这种体形比牛顿巨鸟小很多的鸟并未灭绝。

在同一时期灭绝的物种还有重达半吨的巨袋鼠、重达 2 吨的巨袋熊和身长达 7 米的巨蜥（与科莫多巨蜥有

史前巨袋熊复原像

亲缘关系，体形为科莫多巨蜥的 3 倍大）。它们或许不是被澳大利亚的第一批居民直接消灭的，但此间的巧合着实令人不安。

同样的故事也发生在许多岛屿物种身上，比如新西兰的恐鸟和马达加斯加的象鸟。同样未能逃过一劫的，还有北美洲的乳齿象及南美洲的雕齿象和大地懒。不过，雕齿象和大地懒的种群在人类到来之前就已经因为气候变化而变得脆弱不堪。

在人类定居于新发现的岛屿和大陆前，生活在那里的动物与人类从未有过接触。即便不像南太平洋的物种那样一动不动地看着水手靠近并杀掉自己，它们也毫不适应人类这个新型掠食者的狩猎技术。非洲和欧亚大陆的情形则与此不同，在气候变化中躲过一劫的物种没有再遭遇其他不测，最终存活了下来（直至现代人对它们展开了血腥的大屠杀，从鲸到犀牛都是如此；这里仅举几例大型动物）。

新石器时代革命

在一些地区，比如近东，中石器时代更像是个过渡期。在大约 1 万年前，生活在这些地区的智人渐渐转为定居，并用原生黏土建造了人类最早的房屋。他们依然像从前一样栽种作物，有豌豆、扁豆、小麦、黑麦，不过采用了更加系统化的栽种方式。他们制造了必需的工具——带有燧石刀刃的木柄镰刀，并挑选了最适应他们的播种技术或收割技术的品种。在打猎的同时，他们还开始饲养动物，先是盘羊和野山羊，然后是原牛和野猪，后面两个最后被驯化为奶牛和家猪。

在地中海东岸（包括以色列、黎巴嫩和现土耳其的一部分）及底格里斯河和幼发拉底河流域（叙利亚和伊拉克），考古学家发现了这些人类活动留下的无数遗迹。这个地区呈新月状，土地肥沃，物产丰富，因而得了

"肥沃新月"的美称。稍晚以后，世界其他地方的智人经历了相同的过渡期，不过他们栽种的作物和饲养的动物都有所不同：作物有土豆、水稻或高粱，动物则有火鸡、羊驼或骆驼。

这种全新的生活方式与过去的截然不同，以至于人们将两种文化间的过渡期称为"新石器时代革命"。以打猎和采集为生的迁徙部落向以耕作和养殖为业的定居农民的转变尽管花费了数千年才完成，但是对自然环境和人类自身都产生了极为重大的影响。

在新石器时代，智人继续加工燧石制造"小石叶"，然后将小石叶挨个摆放整齐，用来制成镰刀和小刀的刀刃。此外，他们还制造石斧并对其进行打磨（新石器时代过去也被称为"磨制石器时代"）。再往后，他们用翡翠（一种在阿尔卑斯山脉发现的绿色石头）制作礼斧，而礼斧之后将在从西西里岛到爱尔兰的整个欧洲范围内流通。

他们早就知道怎样把黏土塑造成型，还懂得通过加热使其硬化。定居之后，他们制造了陶器以储藏谷物，这就降低了单纯依赖野生作物作为谷物来源的供应风险。不过，食用谷物也造成了一些后果。为了获得面粉，就需要磨碎谷物颗粒。妇女承担了这项任务。她们跪在地上，用石杵将谷物颗粒在磨盘上碾碎，一碾就是

杰尔夫·阿合玛尔（Jerf el-Ahmar）遗址
（叙利亚，距今9 000年）

几个小时。长时间的碾磨在她们的骨骼上留下了痕迹，引起了脊柱和大脚趾变形。另外，臂骨结构说明她们的手臂肌肉和当今的划船冠军一样强健有力，而她们的脊柱由于头部长时间承受很大的负荷而发生了形变。

随着时间的推移，村落里的人口数量逐渐增加。由于人们不再频繁迁移，生活垃圾慢慢地污染了水源。霍乱和斑疹伤寒等疾病变得愈加严重。与动物杂居一处，也成了寄生虫和细菌传播的重要原因。苍蝇和家鼠渐渐适应了这种对它们生存非常有利的环境，寄居于人类粮仓的老鼠则成了寄生虫和多种疾病的传染源。

在新石器时代，智人的牙齿饱受新食物之苦。由于唾液中含有淀粉酶，谷物中的淀粉自入口时便开始消化，消化产生的糖类导致龋齿。在这个时期的骸骨上，能观察到明显的龋齿数量的增加。

基因变化

我们或许会认为，比起数百万年的人亚族历史或数十万年的智人历史，仅数千年的新石器时代在人类演化过程中没有发挥任何作用。不过，在短暂的新石器时代里，人类经历的生活方式变化产生了强大的选择压力。

从体格上看，与祖先相比，新石器时代的智人身材较小，不过这似乎并不是基因演化的结果。生活条件的变化，比如较大的劳动强度（对于孩童也是一样）或虽然丰富但与机体不相适应的饮食，足以对此加以解释。

也正是在饮食方面我们观察到了显性基因变化。我们出生时能够制造乳糖酶，这种酶能分解母乳中含有的乳糖。在随后的发育中，我们将失去制造乳糖酶的能力。由于哺乳动物成年后原则上不再食用奶，肠道细胞便不再制造失去用处的乳糖酶。

　　新石器时代，农民饲养牧羊、山羊和奶牛，它们提供的鲜奶是有益食品。不过由于缺乏乳糖酶，成年智人不能很好地消化吸收鲜奶。在人类细胞里，负责制造乳糖酶的是 LCT 基因。大约 8 000 年前，生活在高加索地区的一个智人的 LCT 基因发生了突变。这改变了 LCT 基因的活性，使它在成年智人体内仍能正常制造乳糖酶。这一突变在欧亚大陆的智人种群中迅速扩散。如今，75% 的欧洲人体内都有这个突变。在至少四个非洲智人种群（比如马萨伊人）中，也独立发生了类似突变。

　　这些突变的快速选择证明，通过遗传从父母处得到突变的人确实具有演化优势，存活率也大大提高。所以，可以这样猜想：在年成不好的时候，奶可以作为智人（包括成年智人）的重要食物。另一种假设是，奶可以提供维生素 D。既然智人有可能因为继承了祖先的深色皮肤而无法制造足够的维生素 D，那么他们就要依赖动物奶来满足自身需求。

　　在谷物消化方面也发生了类似现象。谷物富含淀粉，在淀粉酶的作用下，淀粉可以转化为糖类。一些地区的农民适应了这种饮食，与狩猎采集者相比，谷物成了他们更加重要的食物来源。他们的后代比祖先更多地携带了 AMY1 基因，进而能够制造更多的淀粉酶并以更快的速度消化淀粉。

迁移

　　农民需要木头建造房舍、烹煮食物，不久以后，他们还要燃烧木材烧制陶器。为了获得木头，他们砍伐了村落周围的树林，又不留给树足够长的生长时间以恢复树林。我们已经发现，在某些遗址里，房梁的直径呈逐渐减小之势。山羊的数量越来越多，也对树木的再生造成了危害。在每年播种前，农民都会通过焚烧清除土地上的植被（即所谓的"刀耕火种"），最终导致村落周围地区的沙化。然后，农民就会遗弃旧的村落，另觅环境退化较不严重的地方建设新家园。

　　此外，随着游民生活走向终结、食物供应日益稳定，农民的人口数量也与日俱增，这就需要更多的土地播种作物、饲养动物。于是，农民开始从近东地区向各个方向迁移，并将他们的技术传遍各地，尤其是位于西北方向的欧洲。

　　根据考古学家的描述，农民的迁移主要有两条路线。一些人沿着地中海北岸迁移，最终抵达了西班牙。他们留下的遗址里有饰有几何图案的陶器，这些图案是他们用名为鸟蛤（Cardium）的软体动物的壳镶嵌制成的，正因如此，他们的文化得名为"鸟蛤陶文化"。凭借饲养的绵羊和山羊，他们将小麦、大麦和扁豆带到了欧洲。

　　在北边，另一些人顺着中欧的多瑙河迁移，最终抵达了布列塔尼。他们制作的陶器上带有不同的花纹，后世称之为"线纹陶文化"。他们的迁移给欧洲带来了奶牛和家猪。他们建造的房屋呈长方形，墙壁使用木材和泥土，房顶覆以茅草。

　　鸟蛤陶文化也好，线纹陶文化也好，它们其实代表了智人的移民潮。不过，这些移民活动极为缓慢，几乎察觉不到，用了4 000年时间才抵达大西洋岸边。在迁移的道路上，代表了新石器文明的农民遇到了以打猎和采集为生的人群。但这一次不存在杂交的问题了，因为他们都是智人。不过，他们说的语言不同，生活方式也完全不同。他们在多大程度上相互融合或相互冲突，现在已经不得而知。这两种情形或许都曾经发生；不过，在文化层面上，新石器文化在世界各地都成了主流，中石器时代的生活方式渐渐地消失了。

考古遗址见证了新石器文化在欧洲的推进过程。在法国阿韦龙省特雷耶（Treilles）发现的新石器时代墓地中，出土了24个埋葬于5 000年前的智人骸骨化石，他们的DNA就是印证。线粒体DNA和Y染色体给出了他们母系和父系血统的相关信息。根据研究结果，这24个人都是近亲，父系血统起源于地中海，可能来自土耳其的阿纳托利亚，母系血统则可以追溯至在旧石器时代生活于法国的人类种群。

在两种文明的碰撞和冲突中，代表了新石器文明的农民似乎更加暴力。人们在德国的塔尔海姆（Talheim）发现了7 000年前发生的屠杀留下的遗迹，男人、女人、孩童共计34人惨死于弓箭或石斧之下，骸骨上的伤痕正是新石器文明制造的武器造成的。而在法国阿尔萨斯地区阿克奈姆（Achenheim）的一处遗址里，出土了6个人的化石遗骸，他们死于斧子击打造成的多处骨折。凶手把他们的左臂都砍了下来，要么是作为战利品，要么是为了证明自己高效的屠杀能力。但是遗址里没有发现女人的骸骨，这或许意味着凶手的突袭并未大获全胜。村落里发现了300座储

> 新石器文明，我们社会的基础，曾经是一个希望。然而，直至今日，我们的历史仍未达到预想的高度。
>
> ——让·纪莱讷（Jean Guilaine）

存粮食的筒仓，或许这就是凶手发动袭击的原因吧。在旧石器时代的遗址里，带有箭伤的骸骨并不鲜见，但到了新石器时代，暴力留下的痕迹明显增加，这种情况或许与定居生活带来的财富积累有关。

在德国黑克斯海姆（Herxheim）的线纹陶文化遗址里，考古学家发现了许多人类被烹煮和食用的遗迹。这种食人行为可能是仪式性的，用来纪念死亡的同伴，或是庆祝消灭敌人。

与新石器时代的开端一样，新石器时代的结束也是个渐进的过程，其间发生了多个重要但不同步的事件。比如，大城市的出现——在距今5 500年时即出现了拥有近5万居民的美索不达米亚古城乌鲁克（Uruk）——就可以视为其标志性事件之一。最早的牛拉战车和最早的青铜器也在这一时期诞生。不过，史前时代结束和历史开始的真正标志是书写的登场：大约5 400年前，人类历史上最早的书写系统出现在近东地区。然而，新石器时代虽然在近东地区宣告结束，却在西欧继续延续了几千年。直到距今4 000年，西欧才告别了新石器时代，正式迈入了青铜时代。

今天的智人

　　如今生活在地球上的 70 亿现代人，都是 10 万年前居住在非洲的几千个智人的后代。我们现在具有的大部分特征都是从这些智人身上遗传而来的，不过，自从分散到世界各地之后，我们的祖先并没有停止演化。他们生活在多种多样的环境中，与其他人邂逅，改变了自己的生活方式后又被生活方式所改变。我们现在拥有的多样性，正是这段历史带来的遗产。

过去的痕迹

　　人类在扩张至所有大陆后的几千年里，继续积累基因突变，以适应生活环境和加强文化特色。基因交流从未中断，尤其是在地理上相邻的种群之间。此外，许多事件也促进了基因组的重组，比如征服战争、探险活动、奴隶贸易、经济移民、旅游观光等等。

　　在近代历史（从地质学意义上说，为最近的 5 万年）上，人类产生了各种各样的差异：身高、肤色、体毛形态、糖尿病倾向等等。这些多样性里，一部分是人类适应环境而产生的，不过并非所有特征都是适应的结果。在与世隔绝的小种群里，比如在岛屿上，可能会发生遗传漂变现象（genetic drift），某些基因频率会在没有经历自然选择，也就是没有刻意适应环境的情况下发生变化。在所罗门群岛的美拉尼西亚人中就观察到了这种现象。那里的美拉尼西亚人都拥有深色皮肤和金色头发。这种所罗门群岛岛民独有的特征与 TYRP1 基因的突变有关，而在北欧居民身上发现的控制金发的基因则与此不同。

某些身体特征并非仅由基因决定。人的身高不仅取决于基因，还取决于童年时期的生活方式。因此，身高并不是完全由遗传决定的。的确，在 20 世纪，欧洲男性和女性的身高有所增加，但这并非人类演化产生的变化，而是生活方式改变的结果——儿童不再下矿工作，与过去相比，他们吃得更好，睡得更多。不过，这种改变是可逆的。如果回归 19 世纪的生活方式，那人类的身高或许会平均减少 10 厘米至 20 厘米！然而，人群之间的身高差异与环境适应是有部分关系的。因纽特人的矮小身材就与极地的严寒气候不无关系，因为这种身材能减少热量损失。但是，其他因素也发挥了作用，比如对某些身体特征的文化偏好。

肤色显然与环境有关。紫外线能引发皮肤癌变，皮肤里的黑色素能防御紫外线的伤害，而黑色素含量高的话，肤色就会较深。此外，黑色素还能避免叶酸的分解，无论是对孕妇体内胎儿的神经系统发育还是对男人精子的产生，叶酸都发挥着重要作用。与此相反，在光照强度较弱的地区，颜色较浅的皮肤有利于更好地合成维生素 D，不过合成过程中还是需要一定量的紫外线的。

纬度和黑色素含量之间存在很大的关联。在人体内，黑色素的合成大约受 10 个基因的控制，其中每个基因都存在几种变体，各个变体的活性有高有低。通常情况下，自然选择根据当地的光照情况影响这些基因的分布。可是，演化从未跟上智人迁移的速度。所以，尽管在欧洲生活了成千上万个年头，人类在很长时间内依然保留了继承自祖先的深色皮肤。

这些情况，是切达人（Cheddar man）的基因告诉我们的。切达人生活于距今 1 万年的英格兰，彼时尚处于中石器时代。切达人有着深色的皮肤（因为黑色素含量很高）和蓝色的眼睛，与 7 000 年前生活在西班牙的另一批人毫无二致。（但两种人之间没有任何亲缘关系！）SLC24A5 基因参与人体内黑色素的合成，在不久以后欧洲智人皮肤淡化的过程中，这个基因发挥了重要作用。其实，在大约 6 000 年前，随着第一批近东农民的到来，SLC24A5 的等位基因 Alal 11 Thr 就在欧洲出现了。另一些研究表明，当时生活在斯堪的纳维亚的智人拥有较浅的肤色，这或许是来自中亚的外来基因造成的。在旧石器时代晚期，欧洲的智人尽管为数不多，但无疑表现出了很强的多样性。很有可能，克罗马农人的肤色远比我们通常想象的要黑得多。

这么看来，相对较低的光照强度似乎并未造成太大的选择压力，或许是因为以打猎和采集为生的智人从食物中获得了足量的维生素 D。

相反，到了新石器时代，智人的食谱变得较为贫乏。当北方的智人转而从事农耕生活时，肤色变白就变得至关重要，这也是 SLC24A5 基因的变体在智人种群中迅速传播开来的原因。到了今天，95% 的欧洲人体内都含有这个变体。

至于蓝色眼睛，或许是性选择的功劳。从遗传学角度来看，存在好几种不同的蓝色眼睛；不过，在欧洲，蓝色眼睛这一特征与 1 万年前至 6 000 万年前出现的单一基因突变有关。但是，这个远不如肤色重要的特征为什么会被选择并遗传下来呢？这是因为，与蓝色眼睛相关的基因突变也在肤色变白过程中发挥了作用，尽管作用微乎其微。不过，这个理由似乎不足以确保这个突变的传播。会不会是这个突变位于某个重要基因附近，所以只是搭了后者的便车才得以遗传下来呢？虽然达尔文对这些基因一无所知，但他还是给我们提供了另一种解释。我们知道，稀有特征会带来非同寻常的吸引力。因此，拥有蓝色眼睛的人可能会留下更多的子孙后代，也就是更多蓝眼睛特征的携带者！

当然了，文化偏好在其他方面发挥了作用，比如现代人的体毛差异。在体毛方面，人类表现出明显的性别二态性，这无疑与我们远祖的偏好有关。不过，男人有胡子而女人没胡子，是因为女人偏爱有胡子的男人还是因为男人喜欢没胡子的女人导致的呢？同样，现代人今天具有的多样性，也正是人们择偶品味不尽相同产生的结果。

基因的多样性

人类的 DNA 由 32 亿个核苷酸排列而成，这些核苷酸是分子的组成部分。在这其中，只有大约 500 万个核苷酸是因人而异的。换句话说，任意两个人在遗传物质上的相似程度达 99.6%。从基因角度考虑的话，人与人之间的差异程度比黑猩猩之间的差异程度要小。

不同种群在这些个体突变的频率上存在差异。个体突变的频率导致了种群之间的差异。没有任何基因突变只存在于一个种群中并且出现在这个种群的每个个体身上。换言之，任何个体变异都不是某个大陆或某个种群所独有的。

另外，许多研究结果表明，同一种群的个体之间的基因多样性要大于两个不同大陆上的两个不同种群之间的平均基因变异性。任何特定的种群内部都包含人类整体基因多样性的 80%。尽管从外表上看不出来，但来自卡拉哈里沙漠的两个布须曼人之间的基因差异可能比一个欧洲人和一个亚洲人之间的基因差异更大。

个体之间的差异很小，但并非随机分布。尽管不存在某个种群独有的标记，但是，以个体变异的特定组合为基础，我们可以相当容易地将某个 DNA 归于某个大陆。与此相反，知道了某个个体的来源并不能让我们了解这个个体的基因情况。

对数千人进行的基因研究表明，人类存在几个大的地理类群。其中一项研究将人类分为以下 7 个不同类群：撒哈拉以南非洲人、欧洲人、中东人、中亚和南亚人、东亚人、大洋洲人以及美洲原住民。另一项研究则将人类分为以下 3 个不同类群：撒哈拉以南非洲人，欧洲、北非和西南亚人，亚洲其他部分、大洋洲和美洲人。

整体而言，基因相似性和地理邻近性之间存在很强的一致性。南北方向上观察到的基因变异性高于东西方向上观察到的基因变异性，这也与环境适应性随着纬度增加而更加明显的情况相符。

人类种族存在吗？

　　无论是在历史上还是在文化上，人类多样性的问题都关系到种族是否存在。显然，这是个非常敏感的问题，因为在人类的历史上，物种分类往往与划分种族等级甚至灭绝某些种族的企图有关联。政治利益或经济利益常常隐藏在伪科学的考量身后。

　　在德国纳粹于 20 世纪推行种族灭绝政策之后，联合国大会于 1965 年通过了《消除一切形式种族歧视国际公约》。在法国，种族并非官方认可的类别，官方甚至禁止进行任何将人群以"种族"划分的调查。在其他许多国家却不是这种情况，那里的居民必须明确自己的种族归属。通常情况下，我们已经不再按传统方式将人们划分为白种人、黑种人、黄种人这三大种族，而是将人们划入根据肤色和地理来源等标准人为构建的类别

［比如在美国就存在黑人（非裔）、白人、西班牙裔、美洲原住民等类别］。

今天的生物学已经不再认可传统种族的存在，并将传统的种族划分视为毫无逻辑，不但无用还往往有害。然而不争的事实是，大多数人仍会提及种族。即便人类无法分类，但"人类种族不存在"的论断似乎也是在挑战基本常识。这么一来，科学可就站到我们对世界认知的对立面了（生物学并不是唯一出现这种情况的领域，地球和太阳的相对运动就是另一个例子）。

该怎么理解科学知识和一般感知之间的矛盾呢？在面对极为多变的集合时，我们本能地倾向于找出有利于进行信息组织的极端情形，偶尔会将数量上更多的中间情形抛在脑后。挪威人显然与日本人不同，我们也能够准确无误地将来自这两个群体的任何一个个体归入其中一个群体。不过，此举并不意味着给"挪威人种"和"日本人种"甚或"白种人"和"黄种人"下了定义，因为如此一来，就等于将从西欧到远东的其他民族都置于一边了，而他们显然不能被列入"挪威人种"或"日本人种"中的任何一类。

传统的"三大人种"划分依据的标准只有一个，那就是肤色，而肤色实际上是不同种群分别独立获得的。这意味着，非洲、印度和澳大利亚的黑肤色种群与各自比邻而居的浅肤色种群的亲缘关系比他们彼此之间的亲缘关系更近。

显而易见，最先试图定义种族的人类学家不得不先建立子类，然后再把子类继续细分，以至于产生了几十个"种族"，而最终这些"种族"还是不免与族群、种群或民族混为一谈。这些"种族"便成了所谓的"原始意象"（archetype）——它们以形态、地缘、文化、宗教标准建立，不具备任何精确性，而且没有任何生物学层面的事实依据。

生物学上的"种族"（race）概念

在生物学家眼中，race 指野生物种内部与其他种群相互隔离且在大小、外形或行为上有明显区别的群体。这个术语差不多是品种（更多地用于植物）或亚种的同义词。这也是与亲本物种分化的一个阶段，最终可能导致新物种的出现。

race 一词的另一个含义是指通过严格控制家养动物的繁殖，获得非常独特的动物，比如暹罗猫或奥布拉克奶牛。

这两个定义中的任何一个都不适用于我们人类，因为人类的繁殖并不受控，而且人类个体并非相互隔离。

不过，有些科学家和企业家提出，"种族"概念具有潜在的医疗利益。实际上，随着 DNA 测序新技术的诞生，人们可以考虑开发基于基因的个性化药物，这样既能虑及病人对不同病原体的易感性，又能虑及他们对治疗的不同反应。英国和中国正在实施的旨在建立巨型遗传信息库的"十万人基因组"计划正是希望实现这个目标。一些专门从事 DNA 测序的公司正在推动建立基因组图谱，以详细说明我们基因组中存在的所有潜在的有害突变。

　　某些疾病在特定种群中更加常见。比如，在阿什肯纳兹犹太人中，BRCA-1 基因和 BRCA-2 基因上发生的特殊突变增加了乳腺癌的风险；在撒哈拉以南的非洲人中，能够引发镰状细胞性贫血的基因突变则更加常见（因为这个突变能够保护携带者免遭疟疾的困扰）。有些实验室提供"人种"检测，据称能让受测对象知道祖先的地理起源。制药业开发了针对特定种族的专用药，比如因为开发过程缺乏科学严谨性、概念模糊带来重大风险而在 2005 年引起很大争议的拜迪尔（BiDil）。

　　不过，即便某些疾病只在特定种群中高发，也不能证明这些疾病是由基因决

一棵交了好运的树上长出了一根出人意料的树枝，这根树枝上又发出了出人意料的枝杈，这个枝杈上又萌出了一个小小的细枝，这个细枝就是智人。

——斯蒂芬·J. 古尔德，1989

定的。还存在着与病人的社会背景或文化背景有关的可预见因素。在医学上，病人的直系尊亲是远比病人所属"种族"更有用的信息，何况"种族"更多是个文化概念，而非生物学事实。按这种逻辑，在欧洲或在美国，双亲分别为欧洲裔和非洲裔的儿童在文化上会被视为"黑人"，但这种划分并未给出一丁点儿生物学层面上的依据。

　　基因组学在医学上的另一个应用，是将人类的演化纳入疾病研究的考量范畴之中，这正是演化医学的基础。而演化医学的一个目标就是弄明白旧石器时代选择的基因可能对当今人类造成怎样的负面影响，毕竟我们的生活条件和饮食习惯都与祖先的截然不同。

未来的人类

　　由于人类的历史伴随着重大的解剖特征变化和心理变化，我们禁不住设想人类未来将如何演化。我们很自然地会循着两个看似符合逻辑的方向设想：首先是过去经历的转变在未来的延续，然后是对现代环境和新的生活条件的适应。按照这个思路，未来的人类将拥有硕大无比的头颅、虚弱不堪的身体、高度发达的手指（用于敲打微型键盘）和适于观看屏幕的双眼。

　　这种观点建立在对演化机制缺乏了解的基础上（参见第 19 页《人类演化：达尔文 vs 拉马克》）。即便我们真的需要，我们也没有理由获得更加修长、更加强壮、更加灵活的手指，除非自然选择发挥作用并有利于偶尔获得这些特征的人生存和繁衍（而且这些特征还须是源于基因的特征）。而现在，似乎还未具备这些条件，在很长的时间里，我们的手指恐怕还要保留现在的外形和能力。

至于头颅，须知演化是受限于解剖结构的。我们可以设想拥有硕大无比的头颅（和硕大无比且更加出色的大脑）的个体在日常生活中占据优势并且子孙满堂。但这样一来，分娩将会更加艰难，除非胎儿较早出生，可这样就增加了早产的风险，或者骨盆将发生改变，但那样又面临干扰双足行走的风险。

另外有一种可能发生的演化，虽然比较不明显但时常被提及，那便是智齿的演化。智齿是我们的第三臼齿，在发育过程中萌出较晚，萌出时往往令人难受，须由牙医拔除。约有 20% 的人只长部分智齿或完全不长智齿。我们祖先颌骨的减小阻碍了第三臼齿的正常萌出，引发了龋齿、肿块，甚至导致邻近牙齿或颌骨的破坏。在旧石器时代，这些情况都是可能导致死亡的。因此，智齿被置于强烈的负向选择之下。但在今天，这个负向选择已经消失，至少在发达国家是如此。在没有负向选择的情况下，即便基因突变持续累积，演化也不会再朝着特定方向进行了。

然而，没有任何理由认为，我们将会抵达演化终点并将不再继续发生转变。现如今全球人口已达 70 亿，自旧石器时代以来，人类的多样性显著增加，基因突变在基因组中持续累积，而自然选择也不再像过去那样严苛。我们的婴儿死亡率大大降低，我们生产药物对抗致命疾病，在现代医学的帮助下，本身不孕不育的夫妻也有了繁衍后代的可能。这么一来，人类究竟有哪些实际的演化可能性呢？

有些方面依然在自然选择的作用之下。每当细菌或病毒引发流行病的时候，人们就会发现有些人具有天然的抵抗力；与此相反，如果是严重的流行病，另一些人就会因此而丧命。在这种情况下，自然选择以粗暴的方式发挥作用，一些人失去生命而另一些得以幸存。流行病结束后，由于死亡率不同，具有抵抗力的人群占比上升，种群整体对这种流行病的抵御能力便有所上升。

由人类免疫缺陷病毒（HIV）引起的艾滋病（AIDS）就是如此。在人类免疫缺陷病毒攻击人体淋巴细胞时，CCR5 基因会发挥作用，其变体 CCR5-Δ32 能够阻断病毒。在亚洲西部和欧洲，10% 的人拥有 CCR5-Δ32 变体，人们猜想，这个变体是因为能够保护人体免受另一种恶性疾病（或许是天花）的侵害而在过去被选择的。在非洲，这个变体更加鲜见，但在得了艾滋病的人群中，它正因为艾滋病的较高致死率而经历着强烈选择。

同样的，人群中可能存在一些对合成分子较不易感的个体。而某些合成分子（比如内分泌干扰物）似乎是造成发达国家不孕不育率上升的罪魁祸首。那么，对这些合成分子的抵抗性将自动成为正向选择的目标，因为具备抵抗性的人类个体拥有更高的生殖能力。不过，这需要人类长时间接触这些合成分子才行。我们还是祈祷这种情况不要发生，否则人类的演化可就要告终了！

这类不太引人注意的生理演化可能伴有更为明显的诱发变异，但至少要在几个世纪后才能看见。至于更加显而易见的解剖特征变化，就需要等待更久，可能要等上几千年，而那时人类的生活环境如何，现在的我们是无法想象的。

从长远来看，在以百万年为单位计量的物种演化进程中，只要充分考虑人类现在的身体结构和实际发挥作用的生物学原理，我们大致可以预见人类将会发生的任何改变。至于在科幻小说里，一切皆有可能！

控制演化的痴心妄想

自 19 世纪以来，优生学企图通过对生育的"科学"控制来达到改良人类的目的。优生学往往带有浓厚的种族主义色彩；德国纳粹在 20 世纪实施的种族灭绝政策，还有对数百万人实施的绝育政策（如 20 世纪 70 年代前的瑞典或美国），使得优生学成为一门臭名昭著的学科。

随着医疗辅助生殖技术和 DNA 测序技术的进步，优生主义观点悄悄卷土重来了。当人们试图避免将携带严重遗传病的胚胎植入女性子宫的时候，没有人会表示不满；借助同样的技术，父母还能为未来的孩子选择理想的基因。人类基因组大规模测序项目还有另一个目的，那就是找出在其他方面发挥作用的基因，比如体型、肤色、智力甚或性格。

这些项目既虚幻又危险。说它们虚幻是因为，第一，我们成为什么样的人并不完全由基因控制，社会环境和家庭环境的作用或许更大；第二，基因的"质量"往往取决于携带者的生活条件。说它们危险，则是因为基因选择能力很容易转变成社会控制。在胚胎或胎儿性别检测成为可能之后，有些国家的男婴出生量急剧增多。最后，在胚胎上实施的任何操作都会产生长期影响，因为会波及被"选择"或改造的个体的子孙后代。今天，大多数国家禁止改造人类胚胎，但是资金或政治上的压力或许会在某一天突破伦理上的障碍。

另一种意识形态，超人类主义，旨在通过合成生物学、神经学、纳米技术或计算机科学等学科的结合，超越人类现有的生理极限。超人类主义不仅要修复人类机体，还要"提升"人类的体能和智力。与旨在改良人类本性的优生学相反，超人类主义考虑的首先是个体。不过，一些超人类主义者也提出了着眼整个人类物种未来的远期目标，比如无限延长我们的寿命。

近代史上，引导人类演化、打造"新人类"的尝试往往涉及种族灭绝或屠杀不符合标准的群体。这些梦想（或梦魇）无助于解决人类面临的各种问题，如资源过度开采、人口过剩、疾病流行、贫困等等。如果真想改变人类，我们首先应该倾向于改变人与世界的关系，还要充分考虑到人类这一物种所具有的种种多样性。

致谢

衷心感谢玛丽莱娜·帕图-马蒂斯（Marylène Patou-Mathis）、卡罗尔·维尔古泰尔（Carole Vercoutère）、菲利普·勒弗朗克（Phillipe Lefranc）及其他古人类学家、史前史学家、遗传学家、动物行为学家，没有他们的著作，就不会有本书的诞生。

术语表

（DNA）序列	组成 DNA 的腺嘌呤（A）、胸腺嘧啶（T）、鸟嘌呤（G）、胞嘧啶（C）四种碱基的精确排列顺序。
DNA	脱氧核糖核酸，为包含生物发育和功能所需信息的分子。人类 DNA 由 32 亿个核苷酸（分为 A、T、C、G 四种）构成。细胞内的 DNA 分布在多个称为染色体的细丝上。
阿舍利文化	距今 140 万年至 20 万年的文化，以制造两面器为特征，往往与直立人和海德堡人有关联。
奥杜韦文化	是人类创造的最古老文化（距今约 330 万年至 130 万年），以制造粗糙的砍砸器为特征。
傍人	南方古猿的全部邻近物种，拥有粗壮的骨骼和硕大的臼齿，在约 100 万年前灭绝。
测序	测定个体的一个 DNA 片段或全部 DNA 的序列。
单倍群	多个基因组成的 DNA 片段，其序列视个体或种群不同而不同。由于单倍群为 DNA 片段通过累积突变而衍生得来，通过研究可以回溯单倍群之间的亲缘关系。
等位基因	一个基因往往有多个序列相异的变体，这些变体被称为等位基因。变体的活性有高有低，甚至可能完全失活。
分支演化	以物种共有的新特征（即"衍生特征"）为基础的系统发生树构建方法。
古人类学	以人类起源和演化为研究对象的学科。

古生物种	仅能通过化石了解的已经消失的动物或植物物种。
基因	含有细胞所需物质（往往是蛋白质）的制造所需信息的 DNA 片段。
基因组	物种的全部 DNA。DNA 分为细胞核 DNA 和线粒体 DNA。个体的基因组即个体的基因型。
旧石器时代	史前时代最古老的时期，开始于约 300 万年前人属和最初的石质工具的出现，结束于 1.2 万年前冰期末期。
旧石器时代早期	与奥杜韦文化和阿舍利文化对应的时期。
旧石器时代中期	始于大约 30 万年前。在欧洲，该时期与尼安德特人及莫斯特文化有关。
旧石器时代晚期	在欧洲，与智人有关，开始于距今约 4 万年，结束于距今约 1 万年的冰期结束之时。
旧世界	欧洲、非洲和亚洲，与曾被称为新世界的美洲相对应。这个名称诞生于欧洲人发现澳大利亚和南极洲之前。
两面器	对称的切削石块，往往呈杏仁形，用作工具或武器。
灵长目	全部的猿、狐猴及二者的共同祖先。
莫斯特文化	尼安德特人和非洲早期智人创造的文化。
染色体	携带个体遗传信息的 DNA 细丝。
人科	包括所有猿类的灵长目动物科，包括猩猩、黑猩猩、倭黑猩猩、大猩猩、人类及其祖先。
人亚族	包含与智人的亲缘关系比与黑猩猩的亲缘关系更近的灵长目动物亚族，包括乍得沙赫人、图根原人、南方古猿、傍人及人属的全部物种。

山猿	在意大利和东非发现的可追溯至距今 900 万年至 700 万年的一种已经灭绝的灵长目动物。某些古生物学家认为它能双足行走，不过双足行走对它的重要性仍未有定论。
适应	在演化过程中动物或植物随着环境变化而改变的现象。
适应性基因渗入	基因渗入指基因从一个物种向另一个物种的转移，比如基因在尼安德特人和智人杂交时发生的转移。当发生转移的基因对个体有用且通过正向选择在其基因组里保留时，即为适应性基因渗入。
手锤	以石头、骨头或鹿角制成的用于切削石头的工具，用其反复敲打石块可获得石片。
突变	DNA 序列的改变。突变是偶然发生的，是等位基因和单倍群存在的原因。基因发生突变时，往往其活性会改变。
物种	在生物学上，指互为亲代子代的或能够彼此交配繁衍后代的生物个体的集合；前述标准在古生物学上不适用，在古生物学中，人们根据化石的解剖特征确定物种。
系统发生树	一种呈现自祖先物种演化而来的多个物种之间的亲缘关系的树状图。可为某个生物类群（如脊椎动物、哺乳动物）或某些物种（如人亚族、人属）构建系统发生树。
线粒体 DNA	线粒体中含有的 DNA。线粒体为负责制造能量的细胞器。只有女性能通过卵细胞将线粒体 DNA 遗传下去。

镶嵌演化现象	化石物种通常表现出同时具有原始特征和衍生特征的现象。实际上，演化并非以同样的速度作用于所有器官上。所以，有些灭绝的人亚族物种虽然已能双足行走（演化创新），但大脑仍与其祖先相似。
小石叶	以燧石或黑曜石制成的小型工具，往往安装在支撑物上（如鱼叉、鱼钩等）。
新石器时代	在距今约 1 万年的近东地区紧接中石器时代而来的时期，在此期间，随着农业和畜牧业的发展，原先以狩猎和采集为主的经济被以农业生产为主的经济所取代。
性别二态性	同一物种的雌性个体和雄性个体的解剖学差异（性器官除外）。
衍生特征	表现形式与祖先不同且在演化过程中发生了改变的特征，又称"派生特征"。人类的非对生大脚趾为一种衍生特征，因为这个特征仅在人类世系中出现并使人类有别于其他灵长目动物。
演化	自生命在地球上起源以来物种诞生和转变的历史。
幼态持续	物种演化过程中发育时间顺序改变导致的成年期仍保留幼年特征的现象。
原康修尔猿	一种已经灭绝的灵长动物，最古老的化石可追溯至大约 2 300 万年前的中新世。
爪哇人	欧仁·杜布瓦于 1891 年在爪哇发现的化石，起初被命名为直立猿人，最终在 1950 年被归为直立人。

正向选择	在物种演化过程中，基因组的改变（比如发生突变）有利于携带者生存或繁殖的，称为正向选择；突变缩短了携带者生命或降低了携带者生殖力的，称为负向选择。
中石器时代	上承冰期结束时的旧石器时代、下启动植物被大量驯化的新石器时代的时期，以狩猎、捕鱼和采集以及小石叶的制造为特征。
转录	细胞使用 DNA 携带的信息制造所需分子的机制。
祖先特征	表现形式与祖先相同的特征，又称"原始特征"或"祖传特征"。人类的对生大拇指为一种祖先特征，因为从至少 5 000 万年前起所有灵长目动物都具有了这个特征。
最近共同祖先	两个物种共有的最近的祖先物种，通常不得而知。

参考资料

总论

专著

Bouvet J.-F., *Mutants : A quoi ressemblerons-nous demain ?*, Flammarion, 2014.

Braga J. *et al.*, *Origines de l'humanité : les nouveaux scénarios*, La Ville Brûle, 2016.

Brunet M., *Nous sommes tous des africains*, Odile Jacob, 2016.

Cohen C., *Femmes de la Préhistoire*, Belin, 2016.

Coppens Y., *Devenir humains*, Autrement, 2015.

Guilaine J., *Caïn, Abel, Ötzi : L'héritage néolithique*, Gallimard, 2011.

Harder J., *Beta ... civilisations* : Volume 1, Actes Sud, 2014.

Hublin J.-J., *Quand d'autres hommes peuplaient la Terre : Nouveaux regards sur nos origines*, Flammarion, 2011.

Otte M., *Cro Magnon : Àux origines de notre humanité*, Perrin, 2018.

Pääbo S., *Néanderthal : Àla recherche des génomes perdus*, Les liens qui libèrent, 2015.

Patou-Mathis M., *Néanderthal de A à Z*, Allary, 2018.

Périno L., *Pour une médecine évolutionniste : Une nouvelle vision de la santé*, Seuil, 2017.

Picq P., *Premiers hommes*, Flammarion, 2018.

Raymond M., *Cro-Magnon toi-même : Petit guide darwinien de la vie quotidienne*, Seuil, 2008.

Waal F. de, *Le singe en nous*, Fayard, 2011.

科学论文

Demoule J.-P., « Le Néolithique : A l'origine du monde contemporain », *Documentation photographique*, mai-juin 2017.

« Evolution : La saga de l'humanité », *Pour la science*, dossier n° 94, janvier-mars 2017.

« L'odyssée de l'homme : Le scénario de nos origines se précise », *La Recherche*, hors-série dossier n° 17, mars-avril 2016.

近期发现

最初的人亚族和南方古猿

Berger L. *et al.*, « *Australopithecus sediba* : A new species of Homp-like Australopith from South Africa », *Science*, 2010, 328 :195-204.

Weiss Robin A., « Apes, lice and prehistory », *Journal of Biology*, 2009, 8 : 20.

White Tim D. *et al.*, « Neither chimpanzee nor human, Ardipithecus reveals the surprising ancestry of both », *PNAS*, 2015, 112(16) : 4877-4884.

原始人

Berger L. R., Hawks J., de Ruiter D. J. *et al.*, « *Homo naledi*, a new species of the genus Homo from the Dinaledi Chamber, South Africa », 2015 ; 4 : e09560, DOI :10.7554/eLife.09560.

Callaway E. et al., « The discovery of *Homo foresiensis* : Tales of the hobbit », *Nature*, 2014, 514(7523) : 422-6.

Reich D., Green R. E., Pääbo S. *et al.*, « Genetic history of an archaic hominin group from Denisova Cave in Siberia », *Nature*, 2010, 468 : 1053-1060.

Sala N., Arsuaga J. L. *et al.*, « Lethal Interpersonal Violence in the Middle Pleistocene », *PloS One*, 2015, 10(5) : e0126589.

Sandgathe D. M. et Berna F., « Fire and the Genus Homo : An Introduction to Supplement 16 », *Current Anthropology 58*, 2017, S16 : S165-S174.

尼安德特人

Lordkipanidze D., Ponce de Léon M. S. *et al.*, « A Complete Skull from Dmanisi, Georgia, and the Evolutionary Biology of Early Homo », *Science*, 2013, 342(6156) : 326-331.

Prüfer K., Racimo F., Pääbo S. *et al.*, « The complete genom sequence of a Neanderthal form the Altai Mountains », *Nature*, 2014, 505(7481) : 43-49.

Roebroeks W. et Soressi M., « Neanderthals revises », *PNAS*, 2016, 113(23) : 6372-6379.

智人

Miller G. et al., « Human predation contributed to the extinction of the Australian megafaunal bird *Genyornis newtoni* ~ 47 ka », *Nature Communications*, 2016, 7(10496).

Neubauer S., Hubin J.-J. et Gunz P., « The evolution of modern human brain shape », *Science Advances*, 2018, 4(1) : eaao5961.

史前人口遗传学

Brace S. *et al.*, « Population Replacement in Early Neolithic Britain », https://doi.org/10.1101/267443.

Fan S. *et al.*, « Going global by adapting local : a review of recent human adaptation », *Science*, 2016, 354(6308) : 54-59.

Field Y. *et al.*, « Detection of human adaptation during the past 2000 years », *Science*, 2016, 354(6313) : 760-764.

Lacan M. *et al.*, « Ancient DNA reveals male diffusion through the Neolithic Mediterranean route », *PNAS*, 2011, 108(24) : 9788-9791.

Mallick S., Li H., Lipson M. *et al.*, « The Simons Genome Diversity Project : 300 genomes from 142 diverse populations », *Nature*, 2016, 538(7624) : 201-206.

Mathieson I. *et al.*, « Genome-wide patterns of selection in 230 ancient Eurasians », *Nature,* 2016, 528(7583) : 499-503.

Pääbo S., « The human condition—a molecular approach », *Cell.*, 2014, 157(1) : 216-26.

Sankararaman S., Patterson N., Li H. *et al.*, « The date of interbreeding between Neanderthals and modern humans », *PLoS Genet.*, 2012, 8(10) : e1002947.

网站

面向大众的关于人类史前史和演化的网站：
www.homonides.com

古人类学家让-雅克·于布兰在法兰西学院的讲座：
http://www.college-de-france.fr/site/jean-jacques-hublin/_audiovideos.htm